超級籃球聯賽

廣告效益與消費行為模式建構與驗證之研究

A Study of Framework Developing
of the Advertising Effect and Consumer Behavior
of Super Basketball League

黃恆祥 著

目　錄

表目錄

圖目錄

自　序

台灣職業籃球在職業運動發展歷史上雖然因為球員素質、經營品質、硬體設施等緣故而暫時停止比賽，但自 2003 年 11 月由行政院體育委員會主導，召集六支甲組球隊舉辦 SBL 超級籃球聯賽（Super Basketball League, SBL）以來，獲得不少球迷熱烈迴響，前往現場觀賞超級籃球聯賽，國內有線、無線電視台、體育台，以及各平面、電子媒體轉播、報導體育賽事風氣的推波助瀾下，民眾觀賞體育節目或實際現場參與體育活動逐漸增加，也有助於運動產品或企業在行銷市場上的定位。

商品的販售要能讓消費者注意到商品是當務之急，因此，不少知名企業商家、廣告主，包括與運動直接、間接相關的業者（像是：台灣啤酒、黑松沙士等飲料類；中華電信、Nokia 等通訊類；舒適牌刮鬍刀等男性用品類；緯來體育台、東森體育台等媒體類；Adidas、Nike、Reebok 等運動用品類；中華汽車、台新金控等綜合類），皆產生高度意願投入大量人力、金援等資源，贊助或購買廣告時段及版面方式，支援體育台、體育運動的相關活動，以提高產品的曝光率或知名度、刺激產品銷售量等與產品業績直接相關的目的，以及增進企業正面形象與媒體宣傳、營造產品或企業與體育活動結合的印象，進而拉近企業和民眾的距離等與產品業績間接相關的目的。

本文從超級籃球聯賽的廣告活動方式切入消費市場，以了解產品或企業在消費者心中的正面印象與評價。對照消費者購買決策程序理論，找出能夠強化消費者購買意圖的因素，探討廣告影響消費者購買決策的影響因素做為企業結合SBL進行運動行銷發展的參考依據。

黃恆祥

經國管理暨健康學院

中華民國九十五年十月十三日

SBL 超級籃球聯賽廣告效益與消費行為模式建構與驗證之研究

摘　要

本研究旨在透過相關理論與文獻分析，運用結構方程模式（structural equation modeling, SEM）建構 SBL 廣告效益與消費行為模式，並進行模式驗證、線性關係與影響效果分析。本研究採問卷調查方式，以 SBL 現場觀眾為對象，於現場以便利取樣進行調查，共獲有效問卷 458 份。以描述統計瞭解人口統計變項與現場觀眾對於廣告產品進行購買過或消費使用的狀況分析。

運用因素分析萃取構面，廣告效益構面分別為「知名度效益」、「查詢效益」、「比較效益」與「體驗效益」，消費行為構面分別為「產品評估」、「服務品質」、「促銷」與「價格」，發展出 8 個因素與 40 個題項，藉以建構 SBL 廣告效益與消費行為假設模式與驗證。以統計軟體「AMOS 4」進行結構方程式配適度之驗證，假設模式顯示配適度未達到接受之程度，因此進行模式修正。根據 SEM 之理論刪除 11 個衡量變數。假設模式修正後之評估指標數值已經改善，接受修正後之方程模式。

模式線性關係分析顯示廣告效益與消費行為存在線性正向關係，比較效益之誤差項與體驗效益之誤差項存在線性正向關係，顯示研究模式中廣告效益與消費行為之間互相關聯，彼此間具有相當密切的直接影響效果存在相符合。

模式影響效果分析顯示查詢效益對廣告效益之直接影響效果最高，促銷對消費行為之直接影響效果最高。「會上網查詢特定產品的情況」與「會詢問親朋好友有關特定廣告產品的價格」對廣告效益之間接影響效果最高，「會因該特定廣告產品服務保證而有意購買」與「會因為優惠價格而有意購買」對消費行為之直接影響效果最高，顯示模式之間的影響效果。

本研究當中 AIC 與 ECVI 數值經修正後符合複核效度之要求，顯示 SBL 廣告效益與消費行為模式也能適用於其他的研究。建議以籃球趣味活動進行的方式，在比賽開始之前推動廣告行銷，增加商品曝光率。也可以在比賽場地的入出口贈送試用品，增加觀賞者的印象，促成廣告效益與後續消費行為等效益。

關鍵詞：SBL（Super Basketball League, SBL）、廣告效益、消費行為、結構方程模式。

A Study of Framework Developing of the Advertising Effect and Consumer Behavior of Super Basketball League

ABSTRACT

Based on related theories and documents, this study planned to exercise structural equation modeling to framework the hypothesis model of advertising effect and consumer behavior of SBL and further operate the verification of the model, correlation analysis and effect analysis. By applying the descriptive statistics to understand the population and audiences purchase or tried to buy the products of advertising merchandise, the 458 valid questionnaires were collected from audiences in the Arena of SBL basketball courses.

Factors of advertising effect were "publicity effect", "query effect", "comparison effect" and "experience effect". Factors of consumer behavior were "evaluation of products", "service quality", "promotion" and "price". Total 8 factors and 40 questions were developed to framework the hypothesis model of advertising effect and consumer behavior of SBL. The AMOS was constructed the validity of the hypothesis model, which meant the fit of estimates was reluctantly acceptable. Afterward modification was done, and according to theories of SEM, 11 questions were eliminated, the values of the index were improved after the modification, which implied the construct validity was statistical acceptable fit.

The results of linear correlation analysis revealed that advertising effect had positive relationship with consumer behavior; error of comparison effect had positive relationship with error of experience effect. That is to say advertising effect had close relationship and direct influence on consumer behavior.

The results of effect analysis showed that query effect had the most direct effect on advertising effect; promotion had the most direct effect on consumer behavior. “Do check specific products on internet” and “Do ask friends about the price of specific commercial products” had the most indirect effect on advertising effect. “Have purchase intention due to service guarantee of specific commercial products” and “Have purchase intention due to special discount” had the most direct effect on consumer behavior.

AIC and ECVI value of this research were statistically fit after modification, indicating that the model of advertising effect and consumer behavior of SBL can be applied to other related researches. It is suggested advertising can be made before the basketball game starts, like playing fun games in order to gain exposure for products. Or issuing samples in the entry and exit is a fine way to increase spectators’ impression of this product for the contribution of advertising effect and further consumer behavior effect.

Key words: SBL (Super Basketball League, SBL), advertising effect, consuming behavior, structural equation modeling(SEM).

第壹章　緒論

第一節　研究背景

籃球是最受民眾喜愛的運動之一，舉凡學校體育課、假日籃球場、閒暇時刻守在電視前觀賞 NBA 籃球賽轉播的民眾、民間企業等組織所舉辦的籃球比賽活動，像是統一純喫茶的三對三鬥牛賽等……，都受到許多民眾的支持與響應。而台灣地區職業籃球在運動發展歷史上，也算是起步較早的職業運動，雖然期間曾因為球員素質、經營品質、硬體設施等緣故而暫時停止比賽，但自 2003 年體委會邀集甲組六球團舉辦超級籃球聯賽（Super Basketball League, SBL）以來，獲得不少民眾正面評價並前往現場觀賞，另外，體育台爭取轉播權、服務觀眾，也是對體育活動、籃球運動最實際的支持行動（忻雅蕾，2005；張家豪，2004）。

運動是存在於每個國家的活動，加上媒體跨越時間、距離的衛星連線技術的發達，使得許多運動項目的舉行，像是美國職業聯盟（NBA）的籃球賽、四年一次的奧林匹克運動會、世界各個網球或高爾夫球公開賽、世界盃足球賽……都是打破國界不分種族的全球性體育活動（忻雅蕾，2005；馮義方，1999；Wagner, 1990）。而國內有線、無線電視台、體育台，以及各平面、電子媒體轉播，報導體育賽事風氣的推波助瀾下，民眾觀賞體育節目，或實際現場參與體育活動也有一定的人口數量，而且這些人的共同特徵，就是會關心、喜愛體育運動，相對地，也是在行銷上的一種區隔市場，亦有助於產品或企業在行銷市場上的定位（王敦韋，2004；忻雅蕾，2005；Pope & Voges, 2000）。

如今，對競爭日益激烈的萬種產品市場上的商家、廣告主來說，能讓消費者注意到商品是當務之急，也因此不少知名企業商家、廣告主，包括與運動直接、間接相關的業者（像是：台灣啤酒、黑松沙士等飲料類；中華電信、Nokia 等通訊類；舒適牌刮鬍刀等男性用品類；緯來體育台、東森體育台等媒體類、Adidas、Nike、Reebok 等運動用品類；中華汽車、台新金控等綜合類），皆產生高度意願投入大量人力、金援等資源，贊助或購買廣告時段及版面方式，支援體育台、體育運動的相關活動，以提高產品的曝光率或知名度、刺激產品銷售量等與產品業績直接相關的目的，以及增進企業正面形象與媒體宣傳、營造產品或企業與體育活動結合的印象，進而拉近企業和民眾的距離等與產品業績間接相關的目的（程紹同，2001；黃淑汝，1999；Kotler, 2000）。

簡單的說，站在廣告主的立場，投入大量的人力或資金在體育運動相關活動的目的，不外乎是為了增加產品或企業本身的曝光率或知名度，並藉由與運動迷共同參與體育活動等，較不具功利性質的角度包裝廣告活動的方式切入消費市場，與消費者進行溝通或交流，以鞏固產品或企業在消費者心中的正面印象與評價。但是，此一廣告決策是否真的能發揮實質的廣告效益，像是消費者是否記得廣告中的產品？是否會搜尋相關訊息？是否會進行產品評估或實際去購買等等議題？則有必要進一步的確認與討論。

既然廣告的目的，是讓消費者有購買產品的意願，那麼對照消費者購買決策程序理論，找出能夠強化消費者購買意圖的因素，也就能視為是一種廣告效益。回顧以往消費者購買決策程序理論文獻發現，消費者在進行購買決策之前，會歷經外在刺激（像是促銷活動）、資訊處理、購買決策等程序，其中，資訊處理是進行購買決策前的重要影響程序，而資訊處理包括了資訊搜尋、評估與選擇（Engel, Kollat, & Blackwell, 1993；Hawkins, Best, & Coney, 2001；Kotler, 2000）。而廣告正是表達各種資訊的形式之一，亦是消費者制定購買決策前，會搜尋與注意的程序，亦有一定的影響，因此，若能加強廣告所形成的效益，將有助於提高購買意願（吳彥磊、邵于玲、王宏宗，2004；吳雅媚，2004；林義峰，2005；許士賢，2005）。換句話說，廣告效益的內涵，可以消費者購買決策程序中，有關資訊搜尋的理論為基礎，做為參考依據。

對於消費者行為而言，是消費者制定購買決策的結果，然而，此一結果受到許多因素影響，若進一步探討消費者進行決策時的影響因素，大致包含對產品或品牌的知名度與瞭解程度、服務態度與品質，甚至包含售後服務、行銷策略、商品價格等因素所影響（余朝權，1996；吳佩玲，2003；許士賢，2005；陳柏蒼，2001；馮義方，1999；黃恆祥，2005）。也就是說，消費者從事消費行為的內涵，可以影響消費者購買決策的影響因素為基礎，做為參考依據。

一般而言，體育運動比賽往往能吸引大量民眾前往現場觀賞比賽，也能讓媒體爭相報導，特別是持續進行的比賽，像是 SBL 超級籃球聯賽、職業棒球賽等；或是國際賽事，像是奧運、國際公開賽等，更是廣告主提供贊助或購買廣告版面的必爭之地。因此，廣告主若能把握此類賽事增加曝光率、知名度與消費者接觸的機會，就有可能引起消費者的注意，進而瞭解或購買商品等與資訊搜尋、購買、決策等消費行為。但其所能發揮的廣告效益與消費行為之間的關係和影響程度，則是有待進一步探討的議題。

第二節　研究目的

本研究擬針對SBL超級籃球聯賽現場觀賞球賽之消費者進行探討，其主要之目的如下：

一、尋求 SBL 廣告效益與消費行為之因素。

二、建立 SBL 廣告效益與消費行為假設模式。

三、進行 SBL 廣告效益與消費行為模式驗證。

四、分析 SBL 廣告效益與消費行為模式之間的關係。

五、分析SBL廣告效益與消費行為模式之間的影響效果。

第三節　研究問題

根據研究目的，本研究擬欲探討之問題如下：

一、根據理論分析尋求 SBL 廣告效益與消費行為之因素？

二、SBL 廣告效益與消費行為假設模式為何？

三、SBL 廣告效益與消費行為模式驗證是否合乎最適評估模式？

四、SBL 廣告效益與消費行為模式之間是否具有顯著關係之存在？

五、SBL 廣告效益與消費行為模式之間是否具有顯著影響效果之存在？

第四節　研究範圍與限制

本研究是以「SBL 超級籃球聯賽廣告效益與消費行為模式建構與驗證之研究」為主題，其主要範圍與限制如下：

一、研究範圍

本研究範圍以 SBL 現場觀賞球賽之消費者為研究對象，建構並驗證分析 SBL 廣告效益與消費行為模式。擬運用結構方程模式（Structural Equation Modeling, SEM）之分析，對於所建構的 SBL 廣告效益與消費行為假設模式進行驗證與分析。其他統計方式之運用則不在研究分析討論範圍。

二、研究限制

（一）本研究在各變數的測量上係採用李克氏量表（Likert scales）填答的方式測量 SBL 現場觀賞球賽之消費者，受測者基於主觀的判斷與認知，或其他不願告知之原因，受測者是否皆能誠實回答問卷，無法精確測量得知。因此，可能在收集資料時會產生部分偏差，此為本研究限制之一。

（二）本研究參考相關模式實證性質之研究人數以 200-500 為佳（黃芳銘，2002），以便利抽樣法總共抽取 SBL 現場觀賞球賽之消費者 500 人。便利抽樣法抽取研究對象之代表性較弱，此亦為本研究之另一限制。

第五節　研究流程

根據結構方程模式對於假設模式的提出以及之後的驗證方式進行說明（呂謙，2005；黃芳銘，2002），以下為本研究之研究流程，請參閱圖 1-1。

一、先進行理論之分析，尋求文獻與理論之支持，進行SBL 廣告效益與消費行為之分析。

二、製作 SBL 廣告效益與消費行為之量表，並且進行預試，分析信度與效度，並尋求 SBL 廣告效益與消費行為之因素。

三、根據因素分析之結構與題項，進行 SBL 廣告效益與消費行為假設模式之建構，並且在 SBL 現場實際進行調查研究。

四、運用結構方程模式之分析，對於所建構的 SBL 廣告效益與消費行為假設模式進行驗證與分析。

五、分析 SBL 廣告效益與消費行為模式之間的關係與影響效果。

六、建立 SBL 廣告效益與消費行為模式。

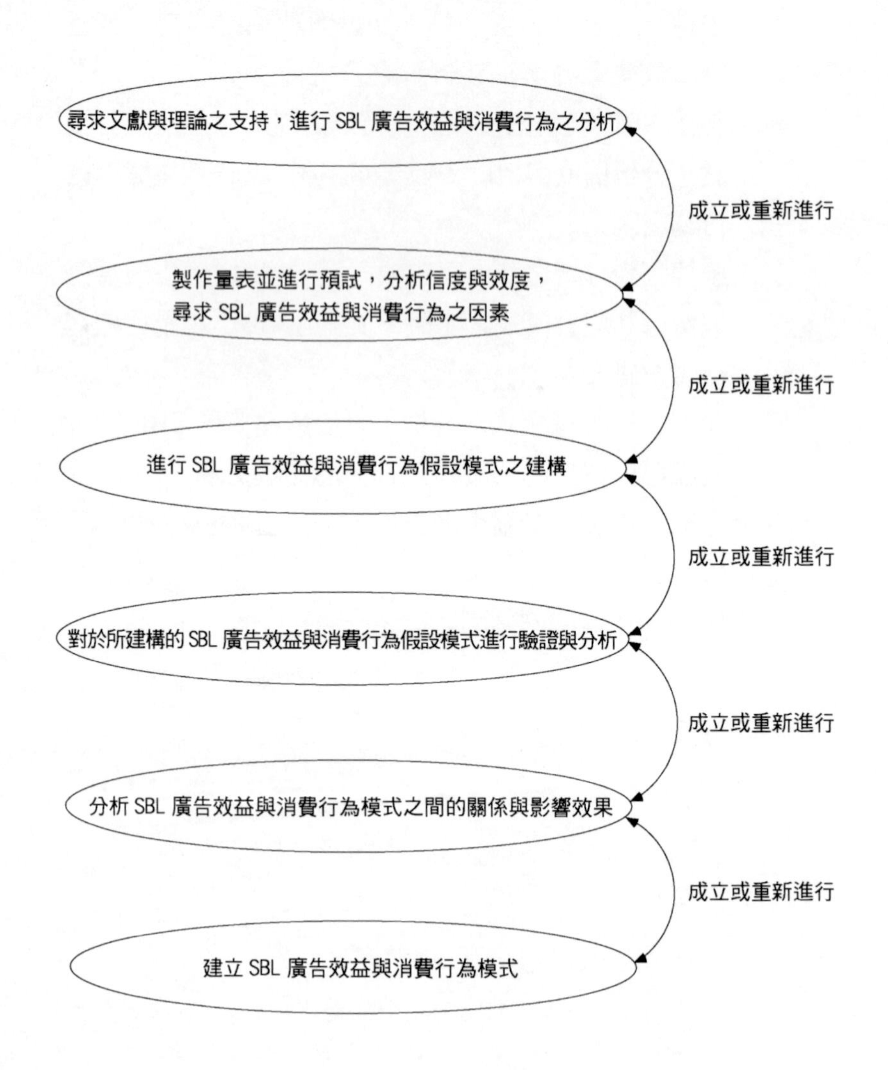
尋求文獻與理論之支持，進行 SBL 廣告效益與消費行為之分析
成立或重新進行
製作量表並進行預試，分析信度與效度，
尋求 SBL 廣告效益與消費行為之因素
成立或重新進行
進行 SBL 廣告效益與消費行為假設模式之建構
成立或重新進行
對於所建構的 SBL 廣告效益與消費行為假設模式進行驗證與分析
成立或重新進行
分析 SBL 廣告效益與消費行為模式之間的關係與影響效果
成立或重新進行
建立 SBL 廣告效益與消費行為模式

圖 1-1　研究流程圖

第六節　名詞解釋

一、SBL 超級籃球聯賽

超級籃球聯賽（Super Basketball League，以下簡稱 SBL）前身是「甲組聯賽」與「中華職籃」。2003 年，經由當時的體委會召集當年甲組聯賽的前 6 名，包括裕隆、達欣、中廣、九太、台銀以及台啤，組成了現在的 SBL 超級籃球聯賽。

二、廣告效益

廣告是具有說服性的傳播活動，是有計劃且有連續性的傳播工具，以吸引潛在消費者的注意。廣告效益是說服觀看到廣告的人員接受廣告主的觀念，並且產生購買慾望或是直接採購產品，是雙方在相同價值觀的基礎之下所進行的交換行為（余至柔，2004；吳美秀，1999；林憶萍，1997：胡嘯宇，2006；徐君毅，2001；程紹同，2001）。本研究所指之廣告效益是民眾到現場觀賞 SBL 超級籃球聯賽，對於比賽場地佈置的廣告看板所產生的觀點，對廣告印象深刻，進而注意到廣告，接觸廣告商品訊息，比較相關產品，進而實際體驗、購買廣告的商品。

三、消費行為

消費者因為先前累積的運動休閒健身文化與各項社會、產品、環境的影響，因而產生不同的消費方式及不同的購買方式與各種行為，包括購買考慮因素、評估產品與資訊來源、價格及服務等購買消費之理念（余朝權，1996；黃恆祥，2005）。本研究所指的消費行為，即是 SBL 超級籃球聯賽現場觀賞者在實際觀賞比賽以及接受到現場廣告之訊息之後，在評估、搜尋、比較、使用與實際體驗廣告當中的相關產品、服務與理念所表現的各種行為。

四、結構方程模式

結構方程模式（Structural Equation Modeling, SEM）分為結構模式與方程模式，結構模式在於界定可觀察的變數與不可觀察的變數之間的關係，並且提供檢測數值與測量工具之間的聯結，方程模式則是表示驗證性因素分析（confirmatory factor analysis, CFA）。結構方程模式可以分析量表的建構效度（construct validity），也可以探討內生潛在變數（η）與外生潛在變數（ξ）之間的線性關係與分析其中的影響效果（呂謙，2005；陳順宇，2000；黃芳銘，2002；張紹勳，2001）。

第貳章　文獻探討

本章主要目的在探討 SBL 超級籃球聯賽之發展、廣告效益及消費行為等相關之理論與研究，全章共分為六節：第一節超級籃球聯賽（SBL）的發展；第二節運動觀賞行為；第三節廣告效益；第四節消費行為理論；第五節相關文獻之探討；第六節小結。

第一節　超級籃球聯賽（SBL）的發展

一、超級籃球聯賽的起源與發展

（一）超級籃球聯賽的起源

談到現今台灣最熱門的籃球聯賽就是「超級籃球聯賽」（Super Basketball League，以下簡稱 SBL），不得不聯想到其前身「甲組聯賽」與「中華職籃」。在沒有職業籃球的年代，所稱的「甲組」即是全國社會甲組男子籃球聯賽，屬於業餘性質的比賽，而甲組又分甲一級跟甲二級。中華職籃（Chinese Basketball Association, CBA）未開辦之前甲組一直都是台灣最大的籃球比賽，可說是台灣籃球運動的發萌，但 CBA 開辦後，甲組的風采漸漸被 CBA 所奪去。

1994 年 11 月中華職籃（CBA）成立，球季開打，創始球隊包括宏國、裕隆、幸福、泰瑞四支隊伍，各隊比照 NBA 擁有專屬吉祥物，分別為裕隆恐龍，宏國象，泰瑞戰神，幸福豹，這是國內正式進入職業籃球的始頁。在 1994 年 12 月除中華職籃原四支球隊外，另新增中興、宏福兩支隊伍，吉祥物分別為宏福公羊及中興虎，使 CBA 增加為六支球隊，由於球隊彼此競爭激烈，可看性增高，熱絡的比賽可謂體壇盛事。但隨著 1998 年 11 月戰神隊因漢陽集團財務危機，尋找買主欲轉讓經營權，此時職籃出現第一支財務窘困的隊伍，各隊伍內部財務吃緊狀況也慢慢浮現檯面，CBA 經營結構自此開始動盪。1998 年 11 月中華職籃公司董事會決議，為因應不景氣，決定進行人事瘦身減肥，裁減開銷。同年 12 月東森要求職籃公司重議職籃五年電視轉播權利金，CBA 亦向東森公司催討職籃五年電視轉播權利金頭期款，導致 CBA 陷入財務危機。1999 年 2 月中華職籃公司董事會決議增資，以利職籃五年球季繼續運作，但同年 3 月，中華職籃公司董事會決議球季進行到例行賽第 67 場，往後賽事暫時終止，等待重整。

2000 年元月 CBA 舉辦「千禧職籃紀念賽」，中國廣播公司以冠名方式贊助戰神隊，「中廣戰神隊」首次亮相。8 月國民黨投管會決定買下戰神籃球隊，委由中國廣播公司經管，「中廣戰神隊」正式成立，也為 CBA 長達一年半的復賽計劃，注入一股具決定性的力量。同年，本來職籃停館後要恢復比賽，後來因宏國財務出狀況，裕隆得知也跟進不加入，兩大球隊不參賽，導致幸福豹也跟著解散球隊，於是 CBA 六年就在選秀完後無限期封館了，CBA 就這樣步入歷史。CBA 職籃復賽計畫流產，原本的中廣戰神隊決定轉戰甲組，而宏國也於 2000 年由新浪網集團接手，更名為「新浪籃球隊」，2001 年新浪化身「新浪獅」，也轉戰大陸甲 A 聯賽。台灣籃壇熱潮逐漸退燒，但幾年來 CBA 在嘗試與摸索中作制度與經營層面的開創，一路走來雖然步伐蹣跚，但卻吸引不少目光注意。但 CBA 的消失，無疑是台灣體壇的一大損失，同時也為正在不景氣經濟中掙扎的其他職業運動，帶來警訊。探討其封館主因：

1、觀眾進場人數逐年減少，仰賴票房收入遽減，除知名球隊比賽、季後賽或總冠軍賽外，其他可看性卻不如預期，票房均不盡理想。

2、隊數太多，球員實力卻參差不齊，為了長遠發展，理應精簡隊伍，才符合經濟效益，提升競賽水準。

3、球團長期經營不善是主因，各球團為爭取佳績，大量延攬外籍球員，但卻無法在戰績與支出取得平衡，不僅使得 CBA 成為外籍傭兵戰場，龐大的球員薪資與開銷也使球團負擔沉重。

4、東森集團拒付轉播權利金為最大導火線，不僅讓 CBA 財務陷入危機，更是使 CBA 步入歷史命運，可謂是壓倒駱駝的最後一根稻草。

因東森集團拒絕轉播中華職籃球賽和拒付權利金，造成 CBA 必須終止賽季，從此台灣籃運度過近 4 年的黑暗期。CBA 停賽後，當初參加 CBA 的那些球隊回歸甲組，又開啟甲組的盛況。直到 2003 年，經由當時的體委會招集當年甲組聯賽的前 6 名，包括裕隆、達欣、中廣、九太、台銀以及台啤，組成了現在的 SBL。2003 年，「SBL」超級籃球聯賽正式成立，轉戰大陸甲 A 的新浪籃球隊也回到台灣加入超級籃球聯賽陣容，台灣籃壇再現春天。

後來 SBL 第一季開打，甲一級的球隊都跑去參加，甲組的精采度大減，又跟 SBL 第一季賽季重疊，觀眾幾乎都被 SBL 所吸引，甲組籃球聯賽就在 SBL 第一季賽事結束後，不得不走入歷史。而後中華籃球協會為因應 SBL 超級籃球聯賽開打後全國聯賽停辦，造成不少社會男子球隊失去戰場，於 2005 年 4 月先舉辦了社會男子埠際籃球聯賽，6 月又舉辦全國社會組的男子籃球錦標賽，目的在給予其他業餘隊伍一個揮舞長才的舞台，而長久的目標則為培養優秀人才、厚植籃球風氣與扎根，為籃壇長久願景做最大努力，相信恢復當年職籃盛興風氣之日是可期的。

（二）超級籃球聯賽的發展

第一屆 SBL 超級籃球聯賽，球季自 2003 年 11 月中旬至 2004 年 4 月上旬結束，競賽規程採中華民國籃球協會最新審定之國際籃球規則，規則中若有解釋爭議，以英文版為準，如有未盡事宜，則依審判委員會議之決議為最終判決。比賽場地為台北市立體育學院體育館（台北市敦化北路 5 號），舉行例行賽共 93 場，分別由七隊裕隆、台啤、達欣、中廣、台銀、九太以及新浪進行比賽，爭取前四強季後賽資格。而後季後賽由裕隆、中廣、新浪及達欣四隊參賽，勝出的兩隊為裕隆及新浪。總決賽中，裕隆以連續三場獲勝的壓倒性勝利，打敗新浪，榮登第一屆 SBL 超級聯賽冠軍隊伍，並獲冠軍隊伍的一百萬元獎金。面對重新燃燒籃球迷熱情、再度吸引廣大籃球迷進場看球的 SBL，經過相關單位、球隊與球員的努力與球迷的支持，第一屆的 SBL，票房一場比一場熱，季後賽時票房更屢創佳績，累績總票房令與賽各球隊感到滿意，為國內的籃壇注入活力與生命，特別是從瓊斯盃、史坦克維奇盃等賽事觀察，皆可看到 SBL 影響了國內籃壇，不僅讓老球迷回來，也吸引更多年輕、熱情的球迷參與，總總傲人成績，對剛起步的 SBL 而言，成果令人刮目相看。

第二屆 SBL 超級籃球聯賽，在行政院體委會指導、中華民國籃球協會主辦、ESPN STAR Sports 負責執行及轉播的超級籃球聯賽，經 2004 年夏季戰力重整及球員轉換，新一球季自 2004 年 12 月 2 日至 5 日進行 7 場熱身賽中揭開序幕，例行賽 12 月 10 日正式開打，經「超級籃球委員會」討論通過第二屆 SBL 超級籃球聯賽，賽程較上一屆增加一個循環，例行賽增加為 105 場，而季後賽和總冠軍賽的賽制和場數都不變，主要比賽場地仍是台北市立體育學院體育館。變動方面，競賽規程與第一屆相較，最大的變動是依據第一屆 SBL 委員會決議，增列球隊罷賽的罰則，凡報名而棄權的隊伍，罰款新台幣六十萬元整。至於球員登錄名額，九太科技男子籃球隊、達欣工程男子籃球隊、台灣銀行男子籃球隊、中廣戰神男子籃球隊、裕隆男子籃球隊、新浪男子籃球隊、台灣啤酒男子籃球隊每隊職員最多 10 人含領隊、經理、教練、助理教練、運動傷害防護員等；球員最多 18 人，唯每一場比賽出場人數仍以 12 名為限，也因應球隊需要由 18 人增加為 20 人。

而為票房考量，歷經夏季戰力重整及第一屆的經驗，新球季球隊與場次也有些調整，首先是東森集團與緯來電視網紛紛接手九太男籃與中廣戰神男籃，新的隊名是「東森羚羊」與「緯來獵人」，由兩個媒體接手，可望為球隊帶來更新的面貌與包裝。另外是飛人陳信安赴美挑戰世界籃球最高殿堂－美國職籃 NBA，以及黃春雄、熊仁正、周俊三等球員轉換球隊，為第二屆球季投下不定時炸彈，提早進入戰國風雲時期。而球隊要求每週至少出賽兩場，第二屆 SBL 例行賽每週將進行 6 場賽事，週五由一天一場增為一天兩場。傳媒部分，負責 SBL 執行及轉播媒體，在 ESPN STAR Sports 成功的宣傳和包裝之下，獲得各界熱烈的迴響，投入更多行銷資源大力宣傳，包含邀請知名偶像藝人擔任代言、賽前及賽際期間的公關宣傳活動、以及在各大平面媒體刊登廣告、知名鬧區懸掛大型戶外廣告、路燈旗等多面向的行銷宣傳等，更遠從新加坡總公司派遣製作團隊來台拍攝宣傳影片，包括七支球隊形象短片、代言人與冠軍聖戒等短片，在開賽初期於 ESPN 與衛視體育台強力播放，都為了打造第二屆 SBL 的氣勢，並吸引更多的球迷加入。較引人注目的是，第二屆 SBL 有專為冠軍隊伍設計的「冠軍聖戒」，為即將開打的賽季引爆更強烈對峙戰火！除了保留去年冠軍隊伍的一百萬元獎金外，在新球季，ESPN STAR Sports 更特別打造純金冠軍戒指，以留下光榮的回憶。為了讓冠軍聖戒更加有價值，ESPN STAR Sports 並與創造時尚飾品聞名的「今生金飾」合作，親自量身打造出符合 SBL 精神的冠軍戒，呈現一種豪放大氣但不失精緻感的風格，加上立體多面的拼貼設計與上浮雕花紋，呈現出復古而又霸氣的味道，再經過繁複且困難的製作流程，造就完美聖戒。而類似美國職籃 NBA 的冠軍戒，並有統治籃壇的最高肯定與榮譽象徵。在賽前開幕典禮，各隊教練無不覬覦金色褶褶的冠軍聖戒，皆發下豪語，誓言拿下冠軍，並肯定冠軍戒指，將給予球隊與球員激發鬥志的影響力。在體委會的促成和籃球協會的努力之下，SBL 順利完成第二季賽事。SBL 不論賽會品質、比賽強度、球迷人數都有顯著成長，這象徵團結的籃球界為推動台灣籃球運動的發展，寫下傲人的成果。

第三屆 SBL 從 2005 年 12 月 1 號展開熱身賽，10 號展開例行賽，每支球隊都會跟六隊碰面五次，總賽程維持 105 場，而前四強晉級的季後賽第一輪從三戰兩勝改成五戰三勝，獲勝的球隊進行七戰四勝的冠軍賽，落敗的球隊也要打五戰三勝的季軍賽，而以往較為詬病的四到七名，也將舉行排名賽，分出高低。今年將是 ESPN 負責傳媒行銷的最後一年，仍然保持前兩年的媒體日與最佳鬥士之類的傳統，讓觀眾與 SBL 有更加的互動。賽程則跟去年相差不多，每隊還是總共比 30 場，比較大的變動是與大專籃球聯賽（UBA）的賽程稍微錯開，以避免 SBL 二年時，主力球員蠟燭兩頭燒的窘境，另外季後賽則是加入五戰三勝的季軍戰，希望可以吸引更多球迷入場觀賞球賽。其他的變動包括，球員個人薪資上限；大專新生除非有亞青國手的代表資格，否則不能加入 SBL 戰場中；另外就是籃協終於放棄分享的轉播權利金，將所有轉播權利金直接讓球團分配，使球團獲得更多實質的利益。

綜觀 SBL 的誕生與發展，台灣終於又有一個籃球賽會，可以凝聚這麼多的籃球迷。不同於職籃時代，僅止於裕隆與宏國的壁壘分明，現在的超級籃球聯賽的七隊，每一隊都有屬於自己的死忠支持者，甚至專屬於球隊的網站與家族。而無庸置疑的，超級籃球聯賽的崛起，凝聚了籃球迷的心，在這舞台裡我們看到了許多很努力練習與認真比賽的好球員，讓比賽更加扣人心弦;那些願意花時間、金錢進場參與的 SBL 球迷，讓 SBL 得以順利的營運；以及認真企劃 SBL 宣傳的媒體人，逐一將所有轉播問題改善，讓觀眾有更好的視聽環境，所有相同的熱忱，讓 SBL 慢慢成長茁壯。但比賽本可以單純，看到球迷的熱情、看到更多籃球人的日趨重視，場上與場下卻漸漸浮現不少爭議和問題，等待發展中的 SBL 超級籃球聯賽克服與解決。

（三）超級籃球聯賽的賽程

第三屆 SBL 超級籃球聯賽參賽隊伍計有七隊，每支球隊都會跟六隊碰面五次，總賽程維持 105 場，而前四強晉級的季後賽第一輪，從三戰兩勝改成五戰三勝，獲勝的球隊進行七戰四勝的冠軍賽，落敗的球隊也要打五戰三勝的季軍賽。

1、比賽期間

SBL 第三季將從 94 年 12 月 1 號開始熱身賽，10 號展開例行賽，SBL 競賽可分熱身賽、例行賽、季後賽、總冠軍賽與明星賽，賽程舉辦日期如下：熱身賽：94 年 12 月 1 日（星期四）～12 月 4 日（星期日）。例行賽：94 年 12 月 10 日（星期六開幕賽）～95 年 4 月 16 日（星期日）94/12/17～95/3/5 星期五為二場比賽，六日各三場比賽。扣除這段時間之例行賽，五、六、日各為二場比賽，95/3/1/～95/4/2 為大專籃球聯賽，故 SBL 休賽。明星賽：95 年 2 月 4 日（星期六）。季後賽:95 年 4 月 21 日(星期五)～95 年 4 月 27 日(星期四)。總冠軍賽：95 年 4 月 29 日（星期六）～95 年 5 月 14 日（星期日）。

2、比賽地點

比賽場地主要在台北體育學院體育館（台北市敦化北路 5 號）舉辦。

3、門票販售

目前購票方式，主要可以現場購票與網路訂票取得比賽門票。現場購票：台北市立體育學院體育館（台北市敦化北路五號）售票口，台北市立體育學院體育館現場於比賽開始前一小時提供現場購票服務，請參閱表 2-1。

表 2-1　SBL 各賽制票價

賽制＼票價（元）	樓上優待票（學生、敬老）	普通票	樓下特區
例行賽	150	200	500
明星賽	200	300	700
季後賽	200	300	700

資料來源：年代售票系統（網址 http://www.ticket.com.tw）。

4 、網路購票

網站售票採 24 小時全天開放訂票，不受上下班時間限制，有其便利性，但無法受理電話訂票，因為考量到電話訂票無法留下任何交易紀錄，若消費者更換場次、票價或取消購買，原印製出來之票券無法還原讓其他朋友繼續訂購，將影響其他消費者的權益，故為公平起見不接受電話訂票；而網路訂票一般均比現場售票昂貴，有手續費的收取。取票則有下列方式：郵寄取票、現場取票、端點取票。

二、比賽隊伍的成立與介紹

（一）裕隆

裕隆集團創辦人嚴慶齡先生，為響應國家體育發展及提倡籃運，於 1965 年 6 月成立裕隆籃球隊，是國內第一個由民營企業組成的甲組籃球隊伍，近 40 年隊史，開企業帶動籃球風氣之先河。組隊之初一切蓽路藍縷，1971 年為期使球員能有一個良好的訓練環境，投入資金興建一幢專屬裕隆籃球隊的「裕隆體育館」，該館設備齊全，球員宿舍冷暖空調俱全，使球員技術與體能維持一定的水準。1989 年，裕隆集團執行長嚴凱泰先生正式到任，他更是一位籃球的熱愛者。在執行長嚴先生的精心擘畫下，球隊的訓練器材隨著科技的進步也不斷的更新，在管理與運作上，也由一路摸索到建立起令人讚譽的制度，對球員的生涯規劃也提供了最人性化的協助與安置，球員按年資與籃球技能的表現作為敘階與晉升的標準；卸下球衣，無論是從事籃球訓練工作，或安排其適當職務，依個人意願與興趣輔導就業，這一切，讓裕隆籃球隊不斷精進與永續經營。1994 年 CBA 中華職籃成立，裕隆為創始球團之一。成軍至今，裕隆籃球隊被喻為國內籃壇有史以來，實力最為堅強的勁旅球隊，甫成立，即披掛上陣參加全國性錦標賽，獲得冠軍，就此名聲大噪。舉凡國內全國性錦標賽如「自由杯」、「中正杯」、「埠際杯」、「日月光」、「總統杯」、「省長杯」等甲組聯賽，及職業籃賽與國際邀請賽均有豐碩戰果，桂冠嘉勉；裕隆籃球隊除了傲人的成績深受國內球迷喝采，在其他國家比賽也以紮實的球技擄獲外國球迷的掌聲，在有關單位的徵召下多次肩負促進國民外交的使命，其足跡遍及全球五大洲等國家，以「籃球外交」建立起友誼。更於2000年9月在山東舉辦籃球友誼賽獲得熱烈的反應及歡迎。輝煌歷史包括：1995 年 CBA 中華職籃元年總冠軍 2000 年至 2003 年社會甲組籃球聯賽冠軍「四連霸」。球隊一直嚴謹有序，穩健過人，絕少失常，為一紀律及防守嚴密的鋼鐵部隊。團隊戰力與穩定性始終維持高檔，陣中國手如雲，板凳深度傲視群雄（SBL 超級籃球聯賽官方網站，2006）。加上飛人陳信安傷癒歸隊，無疑是邁向 SBL 四連霸之重要助力，依舊是未來奪標呼聲最高的球隊。

（二）台啤

在 35 年悠久歷史中，1968 年開創之初「公賣局青年籃球隊」、「金龍籃球隊」，是國內籃壇有史以來最著名的青年軍，鄭志龍、朱志清等一代球星，都是公賣凱旋培養的好手，至 1999 年命名為「台灣啤酒籃球隊」，不斷培訓優秀球員，代表國家參與國際性比賽，表現非凡，深為各界肯定與讚許，提昇整體企業形象與塑造良好典範。近年來由於球員流動率大且有老化現象，參賽成績每況愈下，非但對企業形象提昇未有助益，徒然增加公司每年約一千五百萬元（包括球隊球員薪資、獎金及球隊預算支出）之費用支出，不僅影響公司年度經營績效，其積弱不振的表現，對帶領並塑造公司積極進取、競爭之企業文化，反而有負面之虞。球員老化、流失現象與參賽成績每況愈下，經委請公司顧問高志鵬、閻家驊提出「台灣啤酒籃球隊再造計畫」，台啤籃球隊自 2003 年 9 月 1 日起全面大換血，以嶄新陣容重新出擊，塑造出「防守雄獅」。既纏又黏的纏鬥作風，使台啤的作戰特色獨具風格。以林志傑、何守正、陳世念三名現役國手組成的鐵三角攻勢，將台啤的進攻由點延伸到面（SBL 超級籃球聯賽官方網站，2006）。2005-2006 球季結束後，以教練邱大宗及球員李偉民與東森羚羊隊換來前國手周俊三，加強後場供輸能力，期望能首度在 SBL 超級籃球聯賽中稱王。輝煌歷史：1996 年甲組聯賽亞軍、1998 年甲組聯賽亞軍、1999 年日月光社會甲組籃球聯賽亞軍、2005-2006 年 SBL 超級籃球聯賽亞軍。

（三）達欣

達欣工程籃球隊係於民國 1995 年 7 月，由當時擔任中華民國籃球協會理事長暨達欣工程創辦人王人達先生，本於企業回饋社會之精神及理念，基於對籃球的熱愛、為國舉才的理念，及引導青少年從事正當休閒娛樂，遠離飆車吸毒，而籌組成立的第六支職業籃球隊，其「前身為中興電工職業籃球隊」。由於籌組期間很短，球隊成員經驗、技術、默契均明顯不足，故職籃時期的戰績不甚理想，隨著時間經驗的累積，加上球員大都年輕又有拼勁，不但有親和力，更有戰鬥力，因此，逐漸贏得球迷的認同及讚賞。職籃末期，達欣以高雄為主場時，更受到南部球迷的熱烈與支持。可惜，中華職籃於 1999 年 3 月因先天不足及後天失調而劃下休止符。職籃停賽後，球隊組織稍作調整，正式轉入業餘，並加入中華民國籃球協會為團體會員，參加國內社會甲組籃球各項比賽及 2003 年開始的中華民國超級籃球聯賽迄今，球隊前後已有九年歷史。輝煌歷史：1995 年至 1999 年職籃時期第六名、2002 年全國社會甲祖籃球聯賽亞軍、2002 年總統杯籃球錦標賽亞軍、2004－2005 年超級籃球聯賽亞軍、2005－2006 年超級籃球聯賽季軍。由球隊的戰績可以明顯看出，達欣工程籃球球隊一直持續穩定而快速成長，戰績排名亦扶搖直上。這些都要歸功於公司經營階層的強力支持及關心，以及教練團的用心和球員的不斷努力而來，達欣工程籃球隊已成為國內一支頂尖的隊伍。陣中現役國手田壘、張智鋒為達新之指標性人物（SBL 超級籃球聯賽官方網站，2006）。

（四）緯來

緯來前身為「泰瑞電子男籃隊」，成立於 1983 年，2000 年中廣公司承接母企業放手的戰神職籃隊，改名為「中廣戰神籃球隊」，主要以「打點戰術」為主，擅長以強擊弱的臨場對決，經驗老到，團隊觀念一流。在第一屆 SBL 超級籃球聯賽，中廣戰神以12勝12負排名第四的例行賽成績與例行賽第一名的裕隆隊進行季後賽，兩隊進行三戰兩勝的比賽，雙方鏖戰至第三場，中廣戰神不幸敗北，結束第一屆超級籃球聯賽的賽程。2004年6月緯來電視網接手球隊經營權，並於公開徵名投票後更名為「緯來獵人隊」重新出發。在甲組有20年歷史的戰神隊，從此化名為緯來電視網隊，也成為國內第一支電視台經營的籃球隊（SBL超級籃球聯賽官方網站，2006）。輝煌歷史：1998年職籃四年亞軍、2003年社會甲組籃球聯賽亞軍、2004－2005 年超級籃球聯賽季軍、2005－2006球季排名第五。新球季前更換教練，將由資深球員林佳皇擔任執行教練，搭配熊仁正與黃春雄共同職掌兵符，網羅多名HBL優秀選手加入，使球隊年輕化以加強球隊速度，並且增聘洋將，提升對抗性積極備戰，展現欲重返四強的強烈企圖心。

（五）台銀

在1973年成軍，1974年投入甲組籃壇迄今，當年台灣銀行以培養籃球人才為宗旨，在省府主席，謝東閔同意下創隊，歷年中華男籃主力鍾枝萌、李雲翔、邱宗志、陳信安，都是台銀培養出來的棟樑。2005年8月10日在東森羚羊與裕隆相繼以高價碼簽下球員之後，讓整個SBL的球員市場受到嚴重衝擊，台灣銀行因是為公營單位，首當其衝，讓教練團有收手的念頭。但與高層溝通之後產生折衷的作法，只要SBL不變成職業比賽，台銀就繼續留在SBL打球。台銀總教練韋陳明表示，台銀在經濟資源方面原本就比不上其他有錢的球團，他們頂多只能以「入行」方式吸引球員加盟，如果其他球團提供高額薪資網羅球員，台銀勢必無法招收到優秀的新血，這是台銀未來很大的隱憂，但經過與高層溝通後，台銀籃球隊續留 SBL（SBL 超級籃球聯賽官方網站，2006）。輝煌歷史：2000 年日月光社會甲組聯賽亞軍、2005－2006 年超級籃球聯賽殿軍。上季以團隊的韌性與拼勁，配合快節奏的後場陣容與攻守轉換，打造出快速部隊的球風，並加強團隊穩定性，而從後段班球隊脫穎而出。由於優異的蛻變，使得隊中吳永仁與岳瀛立首度當選國手。

（六）東森

東森前身為「九太科技籃球隊」，九太科技於 2000 年 11 月 1 日成軍承接「大華建設」男籃隊。董事長沈會承熱愛籃球，作風開明、紀律嚴明，為現任台北市籃委會主任委員。而後東森購物秉持企業回饋社會理念於 2004 年購入九太科技籃球隊，並正式更名「東森羚羊」籃球隊，全隊球員平均年齡僅 23 歲，是支後勢看好的年輕勁旅，隊中周俊三、楊玉明、吳岱豪更是國手常客。球隊曾在 2003 年甲組聯賽拿下季軍、第二十屆葫蘆墩盃全國籃球錦標賽甲組冠軍，在第一屆超級籃球聯賽（SBL）中則拿下第五名佳績，最近則在 2004 年中山紀念盃拿下冠軍，深受年輕朋友的喜愛。對於球隊經營，東森購物今年度不惜血本投入超過五千萬元的預算，全力為「東森羚羊」籃球隊量身打造變身計劃，讓東森羚羊籃球隊能夠吸引更多年輕球迷支持（SBL 超級籃球聯賽官方網站，2006）。輝煌歷史：2003 年第二十屆葫蘆墩盃籃球邀請賽冠軍、2003 年第八屆總統盃甲組籃球聯賽第四名、2003-2004 年 SBL 超級籃球聯賽第五名、2004 年中山紀念盃籃球賽冠軍。快速、機動、精準、年輕、活力十足且充滿拼鬥意志是球隊積極打造的目標。上季由於主力中鋒吳岱豪赴美及爭取陳信安未果的情況下，戰力吃緊仍無法打進四強，第三季比賽結束後，聘請有「小諸葛」之稱的邱大宗擔任教練，並積極網羅洋將積極為新球季備戰。

（七）幼敏

新浪男籃前身是「宏國籃球隊」，成立於 1990 年，宏國籃球隊前身則是「麥當勞籃球隊」。1994 年 CBA 中華職籃成立，宏國為創始球團之一。2000 年新浪接手宏國，更名為「新浪籃球隊」。2001 年新浪化身「新浪獅」，轉戰大陸甲 A 聯賽。2003 年 4 月，新浪退出大陸甲 A。新浪籃球隊成立於 2000 年 12 月 7 日，球隊所在地為台灣台北，前身為宏國象職業籃球隊。球隊為英屬維京群島商全球 e 体（股）公司之企業資產，球隊名稱以及相關網際網路資源則由全球華文網際網路公司第一品牌新浪網贊助。前身之宏國象職業籃球隊在過去為台灣首屈一指的職業籃球隊，曾在中華民國職業籃球聯盟的四個球季中，連續三年奪得聯盟冠軍，在台灣籃球歷史中佔有重要的傳承意義。輝煌歷史：1996、1997、1998 年，宏國在 CBA 職籃完成「三連霸」、2002 年大陸甲 A 季後賽八強之一。在歷經老將流失，戰績墊底的波動後，上季將冠名權出售，更名為「幼敏籃球隊」，並招攬 HBL 超級新人左從凱、簡嘉宏（SBL 超級籃球聯賽官方網站，2006）。但由於指標性中鋒老將劉義祥受傷整季無法出賽，仍難逃墊底的命運。新球季聘任亞青教練許晉哲擔任教練，並網羅多位 HBL 選手增強球隊戰力；唯球隊主力戰將羅興樑尚未完成續約手續，為球隊之重大隱憂。

三、比賽方式

SBL 超級籃球聯賽之競賽制度可分為：

（一）熱身賽

聯賽正式賽季開賽前暖身，每一隊比賽二場，對戰組合由籃協競賽組編排。

（二）例行賽

比賽採五個單循環賽制。每隊比賽三十場，整個例行賽將進行 105 場。各隊按照例行賽比賽勝率（勝場數／30）的高低，排出前四名（如同勝率相同則依國際籃規則中隊名次判定之相關規定判定之）參加季後賽。

（三）季後賽

由例行賽之第一名對第四名，第二名對第三名，採五戰三勝制，產生季軍賽暨總冠軍賽對戰組合。

（四）季軍賽

採五戰三勝制。

（五）總冠軍賽

採七戰四勝制。

（六）明星賽

分為紅白二隊，球員分別由觀眾票選出先發五人，其餘七人由紅白二隊教練團選出，共 12 人對抗。

（七）競賽規則

則採中華民國籃球協會所訂定之最新籃球規則及裁判法為準。

第二節　運動觀賞行為

體育建設與民眾生活息息相關，體育建設的發展程度，已然是先進國家衡量國民素質及國家現代化的重要指標之一。台灣工、商起飛後，整體社會、經濟等各方面的進步與繁榮，使得民眾所得增加，但相對民眾工作、生活壓力也日漸倍增，而緊迫的社會現象使得民眾急需獲得紓解壓力之管道，可供民眾放鬆心情、拋開工作及生活所面臨之壓力。我國在實施週休二日政策後，民眾日趨重視多樣化的休閒生活，也促使體育運動休閒產業的投資快速增加，為配合民眾受到歐、美國家重視休閒生活觀念之影響，因此，在民眾所得增加、閒暇時間增多以及重視休閒活動等因素影響，各種休閒活動逐漸成為許多民眾釋放壓力與調劑身心的方式。而在各種休閒活動之中，尤以體育運動最為大眾所喜好，不僅藉由體育運動之參與，達到健身之功能，亦可透過運動之觀賞行為，達到休閒娛樂之效果。

一、觀賞行為

觀賞行為模式，最早可追朔古希臘時代，當時參與希臘奧林匹克運動會、皮安斯運動會、依斯米安運動會、尼米安運動會等四大運動會，即為當時民眾相當重要的活動（吳文忠，1956）。到了古羅馬時期，羅馬競技場的運動征戰景象就更為壯觀，尤其在紀念歷史事件的假日或慶祝國家宗教節日之時，更能吸引半個城市以上的人口前往觀賞（Kelly, 1996）。大型競技場中，觀賞奴隸或野獸之間血腥競技的壯觀表演，也就成了當時羅馬人民的高等享受（周恃天，1967），可見觀賞行為在人類生活中已有悠久歷史。

而各種觀賞行為皆有其「動機」可循，所謂動機（或稱為驅動力）屬於刺激與反應的中介變項，是一種控制行為的內在力量，也就是發自個人內在的驅動力，並促使主體有所行動的過程。亦可解釋為指引起個體活動，維持已引起的活動，並促使該活動朝向某一目標進行的內在作用（張春興，1996）。因此，球迷為了欣賞比賽或支持喜愛的球隊，因而有了買票進場觀賞的動機，進一步才有購票入場的行為，所以動機是產生行為的基礎，也是促使球迷進場欣賞球賽的驅策力。當然，動機理論涉及層面廣泛，也有心理學者認為動機的來源係為滿足的需求、慾望，因而引起緊張，主體為消除緊張而產生驅動力，經由學習及認知的過程而有新的行為。此時目標與需要的滿足程度將影響到緊張的程度，緊張消除的多寡，又影響到新行為的調整。每個人在既定時間都有種種不同的需要，有些是屬於生物性的，是來自於生理的緊張狀態，例如：饑餓、口渴、不舒服。其他的需要是心理性的，產生於心理狀態的緊張，例如：被認同、尊重，和歸屬感的需要等。需要必須在相當的強度時，才會變成一種動機。整體而言，動機是一種心理變數，可以解釋造成這些行為的原因，而人所接觸媒介是基於個人的需要，媒介所提供的題材，可以幫助閱聽人發展興趣、期望及提供整合的題材與認同的機會（Kotler, 1991）。心理學家發展數種人類動機的理論，其中最為普遍的三種——佛洛依德（Freud）理論、馬斯洛（Maslow）理論、認知論。這三種理論都具有對於行為分析的各種意義。

近年來，台灣地區經濟高度開發及所得成長，民眾對於休閒活動的參與一時蔚為風尚，藉以追求精神和心理更高層次的滿足。在參與休閒活動的過程中，個人的感官、知覺、心智和行為會不斷的和周遭的各項因素產生互動的關係。人們日漸重視且希望利用工作之餘的時間，來從事舒解身心的休閒活動，其中觀賞運動競賽的行為乃逐漸風行；觀賞運動競賽已轉變為民眾休閒生活中消遣娛樂、調劑身心、紓解壓力的重要管道之一，且觀賞被賦予安定社會的任務與淨化社會的功能，所以好比國內職業棒球成為民眾相當關注的對象，特別是經由大眾傳播媒體的報導，更使得職業運動成為民眾閒暇之餘談論的話題（鄭承嘉，2003）。運動競賽是一種未經編導的現場活動，戲劇性變化隨時發生，有如一場多采多姿的盛典；運動員在比賽場內相互競技角力、展現攻防策略，經由裁判依規則判決，在比賽場內接受觀眾歡呼與喝采，宛如英雄。對運動員或運動團隊而言，一場競技比賽就是讓觀眾分享積年累月訓練的成果，並透過競技的演出傳達給觀眾特定的情感與體驗，運動競賽除了造成媒體爭相追逐報導的新聞外，也滿足觀眾所關心國際體壇一大賽事。就觀眾來說，觀賞運動競賽節目，除了有娛樂的效果外，更可以從觀賞的過程中，獲得日常生活中無法親身接觸的體驗及話題。觀眾到運動場地觀賞球賽，並同時接觸電視、報紙、廣播及網際資訊的運動報導方式，而形成個人獨特的運動觀賞經驗。傳播將運動賽事的內容透過媒介傳達給觀眾相關訊息，比賽記錄報導、運動員、教練及攻防策略等內幕消息，觀賞運動競賽的經驗是藉由不同方式的接觸運動而形成的，媒介的傳達，使運動在人們心中的形象比以前更加深了。每屆奧運會期間除了現場觀眾外，全球透過的電視轉播也讓賽事成為每日國際新聞的矚目焦點，就算是觀賞運動競賽的娛樂性題材，也可滿足觀眾自主及整合的需求。藉以逐步厚實民眾將運動當成生活習慣的觀念，而使全民能享有更健康、快樂之人生。

美國地區觀賞運動競賽的情況，呈現逐年增加的現象，會到現場觀賞運動競賽的人次接近五億，如果計算棒球、籃球、美式足球、冰上曲棍球、足球、網球等職業運動的大小比賽入場人數，則接近了三億五千萬人次。另外，澳洲民眾觀賞運動競賽之頻繁，每逢舉辦全國性之澳式橄欖球、足球與賽馬冠軍爭奪賽，當地政府往往配合民眾需求而放假，以鼓勵民眾前往觀賞運動競賽（黃煜，2002；Nixon & Frey, 1996）。

綜合以上過去研究中發現，觀賞運動行為的動機不外乎獲得放鬆的娛樂、參與球賽的戲劇性、觀賞認同的隊伍或運動員、社會聯繫等重要因素。一個優質的觀賞體驗，除了可以暫時跳脫煩惱與憂愁外，更可追求感受到個人的心靈滿足。在享受觀賞的樂趣的同時，也透過加油喝采過程中，彌補自己無法成為場中運動英雄之夢想，並透過彼此認同球隊的信仰過程中，獲得了社交的聯繫。

二、涉入與認同

由於科技文明的進步，人類生活品質提高，先進國家已將國民健康視為國力的具體象徵，「運動促進健康」是 21 世紀國際最重要的活動，以鄰近的新加坡為例，為達成提升國民生活品質、延長平均壽命及疾病與殘障的預防目標，即以運動推廣為主要手段。因為「運動」是促進健康的重要方法，也是眾多休閒活動中，一項優質的選擇，無論是親自下場參與或觀賞，都能讓人們從繁忙的生活中暫時抽離，隨著汗水的揮灑和場中的戰情，獲得歸屬及成就感，更可增進身心的健康，這些收穫及效益是其他活動所無法比擬的。故在新的世紀裡，政府在體育推廣過程中，更積極擴大運動參與的多元面向，設置各式體育設施與場地，使民眾時時可運動、處處能運動、人人想運動，讓民眾的生活變得更健康、更快樂。

運動既然已被普遍認為是提升國民體能、健康的最佳途徑，如何增進民眾參與和認同運動著實成為一大關鍵。Kelly（1996）指出，運動的核心價值還包含了與觀眾一起分享藝術鑑賞、力與美的展示特性，也就是與觀眾一起參與，獲得認同。好比技巧高超的運動員，在球場上展現令人激賞的運動技術表現時，同時也帶動現場觀眾。例如：奧林匹克運動會、世界盃足球賽、世界盃棒球賽、超級盃美式足球賽、網球公開賽、美國職業籃球 NBA 等，都跨越了國家與文化的界線，吸引全球各地的觀眾與運動迷一同觀賞（Nixon & Frey, 1996）。

觀眾對運動的涉入與認同除了提供運動員更多的出路外，同時也是一項清新健康的休閒活動。在歐、美等先進國家，運動競賽已發展成為一個非常適合全家參與或觀賞的休閒活動，其影響之深遠，使得各種運動競賽成為國家文化的部份，例如：美國職業籃球、棒球文化與歐洲的足球文化等。在這些先進國家中球賽觀賞幾乎融入了家庭生活，而球賽也負起社會休閒與教育的功能。

自 1950 年代開始，世界各國政府開始涉入體育、運動及休閒的領域，主要是基於社會控制、經濟利益、健康利益，社會統整、國家軍事戰備、國際聲譽等動機（Houlihan, 1997）。

再以 2002 年世界盃足球賽為例，足球賽的確帶動全世界運動觀賞的熱潮，每當在賽事轉播期間則會發現全球許多地區陸上的車子變少，歐洲國家總理為了怕錯過球賽轉播而不開會，甚至有些觀眾還特別包機到現場觀賞比賽；這樣的熱潮，使我們在電視上看到團結統一穿著紅衣服（紅魔鬼曼聯隊），為自己的國家球隊加油。這種情形也曾在台灣發酵過，回想過去，台灣也曾有過類似這樣的熱潮，中華少棒、瓊斯盃邀請賽、2001 年世棒賽等，都造成台灣民眾徹夜未眠的守在電視機前熱情的參與。

三、運動參與

「運動參與行為」（Exercise participating behavior）係指對於非競賽或競賽情境身體活動的參與行為，以增進身體適能的任一功能面向為主要或次要目的。現代人生活忙碌，想要改變現有的生活方式，企圖建立運動參與習慣的人很多，而能下定決心採取行動又能堅持下去的人卻很少，尤其對於一個向來未曾有過運動習慣或興趣的人而言，運動參與行為的建立和持續尤其困難（李蘭，1993）。諸多醫學報導指出運動有益健康，還能延年益壽，有活動、運動習慣的人，平均以比不喜歡運動的人較為健康。但根據統計（行政院主計處，2005）臺灣地區 15 歲及以上人口每日運動平均時間為 21 分鐘，與 4 年前比較，每日平均雖增加 2 分鐘，但質與量仍然遠不及專家學者所期望，民眾運動參與意願仍未普及。

Dishman（1991）曾將 56 篇影響運動參與行為的因素整理歸納成三大類，分別為：

（一）個人因素

如人口學統計變項、身體健康狀態、過去的運動習慣或運動史、人格特質、健康知識與信念、情緒狀態、自我概念、態度、自我效能的評估及對運動結果的期待等。

（二）環境因素

例如運動設施、運動場所之便利性等。

（三）運動特質

如運動種類、強度、頻率及運動後的感覺等。

另外，綜合國內研究有關運動參與行為的影響因素（吳宏蘭，1993；張彩秀，1993；劉翠薇，1994；蘇振鑫，1999），得知影響因素包括：人口學變項、身體健康狀況、健康信念、身體自我概念、運動動機、健康控制歸因、社會支持、自我效能、及運動結果期待等。若單從「運動參與」解釋裡又可分為親自參與運動與觀賞運動兩大類：

（一）親自參與

運動通常包括參與原則、競爭原則、公正原則、友誼原則和奮鬥原則，親自參與運動是一項倡導挑戰與競爭的社會活動，也是推動人類社會進步的基本形式之一。

（二）觀賞

Kellner（2001）認為親自參與的運動講求的是運動的創造力，而觀賞性的運動講求的是運動的想像力；在參與某項運動時，大部分的人無法如優秀運動員做出高超的技術、完美的動作，於是會選擇觀賞運動比賽，成為所支持隊伍、競賽者的觀眾，並寄情所崇拜的運動英雄。在職業運動比賽中，隨著記錄的不斷締造，運動英雄也就一個個產生。其實職業運動是媒體文化所喜歡呈現的主要現象之一，在當代的媒體文化中，運動是佔著很重要的一個領域，透過各種媒體的呈現，運動英雄真實的呈現在大眾眼前，當運動英雄或偶像逐漸塑造成形，伴隨而來的將是龐大的商業贊助與利益。因此，職業運動賽場上，觀眾扮演著重要角色，可說是比賽的「衣食父母」或「消費者」，不管以何種方式來稱呼，都說明了觀眾對於職業運動的重要。葉公鼎（2001）認為，職業運動是屬於運動產業核心業中的觀賞性運動服務業，即以觀賞賽會活動所需提供的服務為主。因此，職業運動的發展，最需要觀眾的支持與鼓勵，有了觀眾的熱情參與，職業運動才有可能繼續經營下去。以下就現場觀賞與電視觀賞分述如下：

1、現場觀賞

喜愛親臨實境、觀賞巨星在比賽中精湛演出的觀眾，一定不會錯過現場觀賞比賽。縱使需要車舟勞頓抵達會場和多一筆門票開銷，但喜愛 Live Show 的觀眾，仍樂此不疲。以美式足球為例，在超級盃決賽中，現場觀賞門票，一票難求，有許多人在賽場外徹夜守候數日，為的只是能購得一張入場券進場觀賽，視野佳的位置，黃牛票甚至出現一張數千美元的天價。當然只有少數人能有幸親臨現場觀賞比賽，享受現場幾萬觀眾炙熱、瘋狂的氣氛，而許多球迷無法進入現場觀賽，不過仍然有數十萬的遊客或球迷，大批湧入舉辦比賽城市，他們別無所求，就是想要分享超級盃盛會的氣氛，而周邊效應的食、衣、住、行消費更為舉辦城市帶來龐大收入，甚至提昇城市的知名度。以 2001 年在坦帕市舉辦第三次超級盃決賽為例，藉由超級盃賽會除為坦帕市帶來可觀的經濟收入外，透過媒體全球化的傳播，也為坦帕市在爭辦 2012 奧運的主辦權作最佳的宣傳與推銷，因此，類似的大型競賽，總吸引著各大城市、財團爭相舉辦與贊助。陳秀珠（1996）認為職業運動參與球團經營的三大目標包含：社會責任目標、顧客滿意目標、經濟利潤目標。但仍就必須在經濟利潤目標的前提之下，才能創造社會責任與顧客滿意目標，而球團最大經濟利潤來源自然是觀眾的消費，包括：門票收入與周邊商品。因此，在觀眾購票進場觀賞各種職業運動比賽時，觀賞人潮與門票收入的多寡不僅代表著職業運動的興衰榮枯，更關係著賽事是否能永續經營，而如何吸引觀眾入場觀賽及增加門票收入，此則需藉由相關的廠商贊助、廣告行銷等手法來增進觀眾的參與率，也是職業球團的經營領導者所要面臨的重要課題。

2、電視觀賞

進入廿一世紀之後，人們依賴大眾傳播媒體而獲得知識，兩者關係愈來愈密切，尤其是電視。我國行政院主計處（1991）調查發現，四分之三的民眾以看電視為最大消遣，每人每日觀看電視時間平均花二小時十一分，由以上數據可知電視對人類的魅力。現在家家戶戶幾乎都有電視，且因為有線電視的普及，一天廿四小時可以觀賞將近百個電視頻道，其中當然包括多采多姿的體育頻道。電視機的發明讓人類生活邁向媒體新時代；而從電視收看體育賽事的轉播則可追溯 1939 年美國電視台開始轉播運動節目以哥倫比亞大學以及普林斯頓大學之間的棒球賽，這揭開了電視史上運動競賽觀賞的即時轉播先例，從此人們不必出門，僅要待在家中打開電視，便可在同一時間觀賞到重要的運動競賽實況情形（Eitzen & Sage, 1993）。而以觀眾為前提的職業，除了職業運動外，還有戲劇、電影等多項職業。其中職業運動與它們最特殊的不同之處，是在於觀眾觀賞運動競賽具有不確定性，其結果也難以預測（王宗吉，1995）。因此，經由以上專家學者討論顯示，觀賞運動競賽在運動整體環境中，佔了相當大的份量，可見觀賞運動競賽節目是極具吸引力的。而電視傳播除了隨時掌握比賽的最新動態外，對於競賽的過程更是一覽無遺，一些高難度的精彩動作，更可透過慢動作重播一再觀賞，搭配體育主播與專業球評詳盡獨特的解說，讓觀眾對整個比賽有更真實的接觸。由於衛星科技的建立，使得電視節目衛星現場轉播（SNG）成為可能，藉由電視頻道的衛星轉播，國內的觀眾觀看遠在太平洋彼岸所舉行的 NBA 季後賽事戰況現場直播。也可以在電視機面前，收看 ESPN 電視頻道的轉播，欣賞台灣選手出賽的國際比賽。例如：1998 年曼谷亞運全程轉播中華成棒隊比賽，2000 年趙豐邦贏得世界花式撞球比賽冠軍及 2003 年莊智淵拿到世界桌球錦標賽的金牌。另一方面，藉由電視轉播觀看國際運動賽事的全球觀眾也越來越多，就以近來的幾屆世界盃足球賽為例，全球觀眾人數逐屆成長。根據 Eitzen & Sage（1993）的研究，在前二十五名的高收視率節目中，有超過一半的節目是運動項目。運動競賽節目透過衛星實況電視轉播，讓觀眾如親臨現場的感官刺激，1980 年，ESPN 成為第一個二十四小時全年無休，獨家轉播運動的有線電視網（王宗吉，1995），以及在台灣緯來體育台從早到晚播放不同運動比賽節目，提供給閱聽人觀賞。另外，在台灣舉辦世棒賽期間，國內第四台業者緯來及 MUCH TV 以現場直播，讓台灣的棒球人口全數「總動員」，尤其中、韓之役，因中華隊的超優表現，創下高收視，打敗同時段八點檔連戲劇。可見只要是大型精采的運動比賽，還是能擁有龐大的運動觀賞人口，這種只守在電視機前為中華隊加油盛況，讓人有種回到往日中華少棒揚威國際，家家戶戶徹夜守候的景況。由此可見，傳播媒介對體育運動的影響已日益增大，某些運動競賽，甚至為配合電視實況轉播及收視率等因素而調整比賽的時段、場次。也有一些運動項目為了配合電視的轉播，而修改規則，例如：柔道的比賽服裝為了讓觀眾便於分辨敵我，修改為一方穿著白色道服，另一方則需穿著藍色道服；而桌球也將球的體積加大，以減慢球速，增加比賽的可看性；排球由原來的白球改成色彩鮮豔對比的三色球，其中，籃球競賽為了配合現場實況轉播，除正常的暫停外，也多加了技術暫停等；以上這些實例發現，媒介會因為滿足觀眾觀賞競賽的動機而有調整、改變。其他世界性大型競賽，如奧運會在經由全球媒體的爭相報導，使得世界各地都能欣賞到選手們為爭奪世界第一的奮戰英姿。在 2004 年雅典奧運全球體壇盛事下，緯來、年代 MUCH TV、衛視及 ESPN 以及四家無線電視台（台視、中視、華視、民視）並未缺席且聯手以重金買下奧運的轉播權，並調派記者到現場採訪進行同步直播。這幾家電視台在奧運期間將輪流每天播出十二小時奧運會的相關節目（奧運新聞報導、現場時況轉播、奧運相關活動等），除此之外，也特別製作奧運全記錄節目、體育饗宴等類型節目，來服務台灣電視機前的熱情觀眾。此外高俊雄（1996）在台灣職業運動產業分析模式，如圖 2-1 說明與台灣職業運動相觀之產業，其中最基本的構成要素是球隊，球隊的表現是吸引眾多消費者的焦點，比賽的過程就是球隊與球員投入生產、表演的過程，直接產出的產品就是一場場比賽表演。而黃煜（2002）進一步認為，電視轉播更可視為一項重要的「通路」，因為眾多職業運動消費者可能因為距離、時間、價格等因素，無法到達現場欣賞比賽，但透過電視轉播，消費者可欣賞比賽進行。

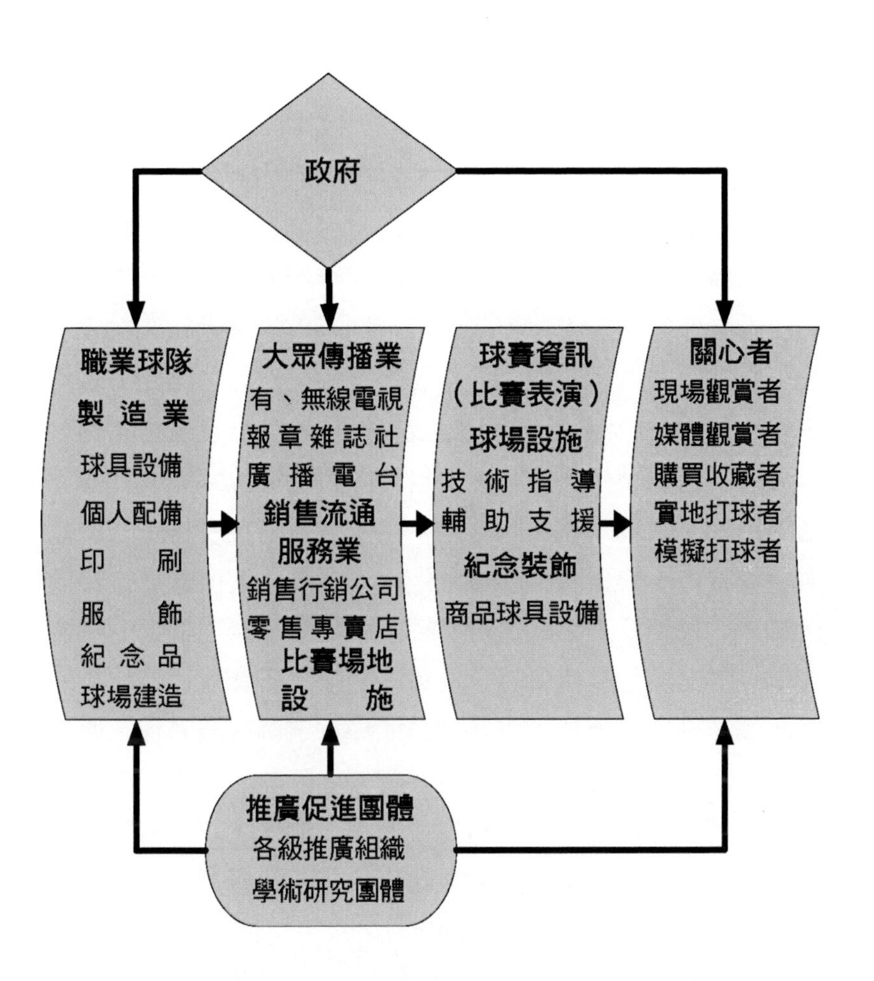

圖 2-1　台灣職業運動產業分析模式圖

資料來源：高俊雄（1996）。

第三節　廣告效益

廣告的效益在於呈現說明屬於交換雙方（廣告主與消費者）的價值觀，所以一方面尋找目標消費者，一方面創造或尋找說服他們的理由。整個廣告行銷過程的重點在於完成交換行為，而非貫徹交換兩造中廣告主的意志力。因此，廣告主要的目的在於促使消費者完成交換行為。一旦廣告主的意志與廣告目的發生衝突時，廣告應該將衝突拉回完成交換行為的目的。廣告效益在說服廣告接受者去購買廣告主的產品與接受廣告主的觀念，讓這兩造可以在同一價值觀進行交換行為。而我們每天都在進行交換，就如同經濟理論上的機會成本，當交換行為產生時，便牽涉到損失了其他可能完成的交換標的物。那麼為了讓雙方都能滿意這個行銷過程，溝通雙方的價值觀便成為廣告的重要責任。因此，廣告業主跟消費者的關係是存在一種持續對話的辨證關係。這種對話溝通的媒介就是廣告，廣告自然也就成為雙方溝通上的橋樑。

一、廣告之定義

廣告的定義有許多，但內容大同小異。廣告主要是「促成商品或勞務的銷售，來傳達個人或社會團體的理念，是一種有說服力的情報傳達活動」（賴東明，1991）。Busch and

Houston 認為廣告是「一項大眾傳播觀念之結合，它將有關商品的任何訊息傳遞給數以百萬的消費者」(引自林憶萍，1997)。在消費者保護法施行細則第二十三條，廣告是「利用電視、廣播、影片、幻燈片、報紙、雜誌、傳單、海報、招牌、牌坊、電話傳真、電子視訊、電子語音、電腦或其他方法，可使不特定多數人知悉其宣傳內容之傳播」。廣告創造了慾求，讓我們以為真的需要廣告中所推銷的那些產品，於是在追求滿足的同時，忘了屬於自己真正的需求。而最常用的一個定義是由美國市場營銷協會所提供的：廣告是由一個廣告主，在付費的條件下，對一項商品、一個觀念或一項服務，所進行的傳播活動。因此，也可以說廣告是一種特殊的人際溝通形式，通常不直接陳述事實，而是推銷一種品味、理念和生活方式，企圖說服閱聽人產生需求，而且這種需求可透過消費商品得到滿足。總括解釋，廣告的定義中，有四個主要的概念：

（一）廣告是一種商品或觀念。

（二）廣告通常必須付費。

（三）廣告必須通過媒體的通路。

（四）廣告目的在說服你接受商品、想法與觀念。

通常廣告的廣告主不是指為個人，而是一個機構（如：某家企業）所進行的傳播活動是針對一群特定的，但不很明確的大眾(如：消費者)。綜觀國內外對於廣告的定義，常偏重廣告的功能性來做描述，也就是將廣告視為一種訊息告知的工具。事實上，廣告作為商業文本與傳播媒介，因而具備兩種功能，即推銷商品與創造意義（Williamson, 1978)。也就是說，在商業機制之下，廣告以推銷商品的角色出現在大眾眼前，由於要讓觀眾便於接受而產生購買慾望與行為，廣告內容與現在的生活文化息息相關，而廣告活動對社會的影響也遠比其原創動機來得深遠（孫秀蕙，1999）。上述這些定義中都隱含著幾個特點：

（一）廣告是一種傳播工具

廣告是將有關一項商品的信息，由負責生產或提供這項商品的機構（通稱廣告主），來把它傳遞給一群消費者。這種將信息傳遞給一大群人的傳播方式通常稱為大眾傳播。這種大眾傳播與一個推銷員面對面的向一位顧客傳遞信息是不一樣的，後者這種傳播是稱為個人傳播。

（二）廣告主需付金額來進行信息傳播活動

這是它與另外一種大眾傳播方式叫「公眾宣傳」的不同之處。「公眾宣傳」通常是指媒體機構（如：報紙或電視台等），自動給一項商品作的免費宣傳，媒體機構之所以要如此做，是因為有關這項商品的信息有其新聞價值，可以吸引許多讀者、觀眾或聽眾。從製造或提供這項商品的機構來說，這種免費的「公眾宣傳」是求之不得的。它可能可以增加此項商品的銷路而又無須付出什麼代價，是一種經濟的營銷策略；但是這種「公眾宣傳」往往是可遇而不可求的，不是廣告主可以控制的傳播途徑。因為一項商品的新聞價值是因時、因地、因媒體本身立場而有所不同的，這種信息的傳播方式是不能由提供商品的廣告主所控制的，因此，是不可靠的，不能預先計劃的。而廣告則不然，廣告主是付費用來傳播有關它的商品信息的，所以它可以有目標，有計劃的來控制及支配傳播活動。

（三）廣告所進行的傳播活動具有説服性

「説服性」的傳播活動是有別於「信息性」的傳播活動。後者的目的只是在於將一些信息由一方傳遞給另一方，只要信息傳到了，被對方接收了，就算達成了傳播的目的。但是「説服性」傳播則不然，這種傳播的目的，不只是要將信息傳遞出去並被接收，它的最終目的是要讓信息接收人接受所傳達信息的內容。更樂觀一點的說，它是希望這種信息的接受可以導致接收信息的人去做某一些信息中所要求他們做的活動。廣告是一項說服傳播，因為廣告主希望消費者在看了廣告之後，會覺得它介紹的商品是好的，有價值的，因而去購買它。

（四）廣告所進行的傳播活動是有目標、有計劃且有連續性

由於廣告是一種「說服性」的傳播，而說服本身是需要經過較長時間的培養及反覆的錘鍊。所以要使廣告發揮其功能及作用，它必須經過較長時間、有目標、有計劃的作一連串的傳播活動。它必須是按部就班，逐步進行，有連續性的說服活動。在任何一個特殊時間有關某一項商品的個別廣告，都是與同一時間，有關此一商品的其他廣告有密切關聯。也與其他時間，有關同一商品的所有廣告有密切關聯。它們

都是在朝向同一目標進行的傳播活動的部份。所以對某一項商品所進行的廣告活動應該是像滾雪球一樣，一系列的廣告向著同一方向，再陸續加入並前進著，同時雪球也越滾愈大。

由以上的討論，不難看出最通俗、簡單的廣告定義即「廣而告之」。固然廣告是廣而告之，但其中精髓卻在於如何有效的廣而告之予大眾。它是一系列有目標，有計劃，有系統的大眾傳播活動，幕後的策劃工作，遠不是一般人從外表所看到的那麼簡單及輕鬆。

廣告雖然看似一種單向的傳播方式，但就日常生活經驗來說，廣告無所不在，而裡頭的符號與象徵藉由影像與聲音（文字）傳遞訊息給消費大眾，到了今天，廣告的傳播形式已大不相同，在大眾文化中最具支配性的社會機制是廣告(顧玉珍、周月英，1995)。若以再現論的觀點分析，廣告內容其實包含了大量的文化符號與價值理念，即利用社會中的優勢意識型態來建構符號的意義結構，因此，便跳脫不掉「意識型態」的範疇，此意識型態可能是當前的政治體制、資本主義的經濟秩序、或是男性中心的意識形態等(吳珮琪、蕭蘋，2003)。

總而言之廣告能夠建構出某種意義或價值，以其無遠弗屆的特性傳播出去，從而形塑出人們心中的價值理念和意識形態，建構出一套觀看世界的方法；這脫離了廣告字面上的平板意義，甚至昇華讓廣告成為一種媒介文化工業的新指標（林俊良，2004)。廣告除了扮演一個媒介的角色外，也在不斷且長期地重覆某些社會實踐。這些社會價值與意識形態，透過這些影像持續性地傳播，其所扮演的角色便成為社會文化中不可或缺的一部份。John Borger 即認為「廣告的真實性並非取決於它的許諾是否實現，而是取決於消費者的幻想，也就是說廣告最終的作用是幻想而非現實」（引自任國勇，1996）。也就是說，廣告除了顯現某種影像文化外，它所塑造出來的乃是一個美好的理想世界，讓大眾有追求的慾望，並對於其中的價值產生認同。

二、廣告之效益

廣告可以說是當代生活內容中，最能反映消費活動、流行指標及社會價值的本文之一（周靈山，2005）。因為廣告出現在所有大眾傳播媒體中，如電視、廣播、印刷媒體或戶外媒體等，每一種媒體都有其獨特形式的廣告，而廣告主是必須付費給媒體的，其價碼則是基於廣告的長度，收聽或收看的人數而定，但究其目的都在期望廣告的效益為廣告主帶來更大的利益。

廣告究竟能帶來多大的效益呢？以電視媒體廣告為例，根據吳知賢（1998）引用國外的研究數據顯示，無線電視其廣告就占了電視播出時間的六分之一，一個人從小看電視，到十七歲時，每個人平均會看到 35 萬次廣告。而過去數十年來，台灣的廣告界已經非常瞭解觀眾和消費大眾，也知道如何吸引他們的最好方式，因此，廣告商無不花下大筆廣告費用，來說服大眾消費他們的產品。也就是說廣告已經無時無刻貼近我們的生活，並成為我們消費的一項指標，也許是一個廣告看板，亦或是一個平面電視廣告，但卻隨時隨地在給我們洗腦，刺激消費。而廣告之所以受日趨重視主要在於廣告有以下特點：

（一）廣告易被注意

人們產生的注意，在很大程度上是來自外界刺激所引起的衝動，是一種非自發性的注意。這種非自發性的注意，常常因刺激的大小而有所不同，譬如：色彩鮮豔的霓虹燈就較色調柔和的霓虹燈引人注意。而廣告給予的外部刺激，就是吸引觀眾的注意力，達到最佳的宣傳效果。

（二）廣告印象深刻：

廣告宣傳常具備了清新的創意，使人耳目一新，給消費者心中刻劃下印象，漸漸取得其信賴後，便產生了購買的慾望。譬如，消費者在廣告中發現自己經常看到的宣傳標語，就會下意識的跟著念，而這種下意識的動作，就可以幫助消費者對廣告宣傳標頭的記憶。

（三）廣告效果持久：

現今的廣告常在某個固定的時間內反覆推出相同的廣告文案和銷售要點（Sales Point），以期達到吸引廣告對象注意，和增強其記憶的目的。反覆宣傳下，讓人產生一種既定的印象及概念，這種特定的印象及概念就是產品的形象，且維持的效果最為持久。

（四）廣告以最少的預算，達到最好的效果：

因為廣告是廣告主將產品或服務介紹予消費大眾的最直接溝通管道。因此，一般廣告主莫不以各種不同型態的廣告來將所欲傳遞的訊息傳達出去。尤其在現今資訊發達的社會中，消費大眾接觸廣告的機會與日俱增，幾乎無所不在，致使廣告影響消費者的行為甚為劇烈，而廣告以其直接提供資訊之特性，滿足講求快速方便之現代人知的需求，可使消費者節省許多搜尋資訊的時間，企業相對節省其他開支，故成為廣告主引薦本身產品的利器。

廣告在產品認知、態度與購買意願上的確有其影響，隨著 21 世紀的來臨，經濟模式從傳統的工業化時代逐漸走向知識經濟的型態，而企業真正的價值已經無法僅以其所擁有之實物資產來衡量，取而代之的是企業中的產品形象與品牌等無形智慧資產。自從 Lev and Sougiannis（1996）證實了研究發展支出對公司市場價值評價具有正面的影響後，引發了國內外學術界討論無形資產評價問題的熱潮，如：謝月香（2000）、Graham and Frankenberger（2000）、Chan, Lakonishok and Sougiannis（2001）等。廣告效益即為重要的無形資產之一，尤其在現今傳播媒體多樣化的情況下，企業利用各式各樣的廣告媒介，來推廣他們所創新的技術與產品，因此，廣告對公司的銷售及市場價值是不容忽視的。近來國外已有文獻指出廣告具有資產的特性，例如：Graham and Frankenberger（2000）指出廣告支出的改變對公司盈餘除了當期的影響外，對未來亦有影響（包含當年）。此外，廣告支出資本化金額與公司市場價值的評價呈現顯著正相關，也表示廣告支出具有類似研究發展支出的無形資產性質。

三、廣告促進消費購買慾望之探討

現代的經濟生態，消費者的好惡決定著商品的命運與銷路的好壞。既然各廣告主關心的是廣告的「立竿見影」與商品的銷售量，那麼增加銷路的捷徑，就是去了解消費者。消費者在消費時，知道自己購買某一種商品，但卻說不出一個所以然，只是感覺特別或具好感。有時候，消費者確切知道自己要什麼，卻無法購買自己真正所需要的。要真正抓住消費者的心理，實屬不易。這時就牽涉到心理學層面，需要比較細心的心理專家，用旁敲側擊的方法才能去深入，而所有這些困難構成了在購買分析中引入心理分析的背景，迎來了心理學應用於廣告的黃金時代。廣告主普遍認為，心理學家可以幫助他們揭開消費者的購買之迷，也就是消費者在購買一項商品時，究竟想得到什麼？究竟要達到什麼目的？能夠促進消費購買慾望又是什麼？

在近代時期，心理學給廣告帶來了無數傳奇，留下了許多優秀的著作。心理學上的各種研究方法，無論是專業的實驗法、生理測量法、人格測驗法，還是方法性的深入會談法、催眠法、聯字法、造句法等，都被廣告商們熟練運用，以分析消費者購買或不購買的原因。廣告即是迎合這些需求，達到促進消費購買慾望的目的，包括：消費者希望自己與眾不同、消費者希望自己十全十美、消費者需要安全感、消費者希望自己擁有至高無上的權力、消費者對賞心悅目的東西，有佔有的慾望、消費者有順著社會階梯往上爬的慾望（林靈宏，1994）。

商品本身就是一種刺激，購買是消費者對商品刺激的一種反應。每一個購買行為的背後，都有一個原因，它就是消費者的購買慾望或動機，廣告即是誘發慾望與動機的因子。對於廣告來說，無論怎樣，最終都要歸到購買上來，所以在廣告的心理戰場，廣告的設計者必須對消費者的購買慾望進行判斷。同一種商品，消費者是從哪一個角度激發的購買慾望呢？這判斷是廣告定位的重要基礎。

四、SBL 比賽現場廣告品牌

品牌權益（brand equity）已成為企業品牌行銷的新風潮，以運動贊助做為品牌建立策略的重要心法，正廣受國際企業行銷所運用。而企業正大舉透過運動贊助來接觸消費者，以達成其行銷的目標；而消費者在觀賞運動賽事的同時，也接收到贊助企業所傳遞的訊息。

國內贊助知名業餘比賽的例子則有，NIKE 跟 ESPN 結合組成的 SBL 超級籃球聯賽、BenQ 所贊助的大專籃球聯賽（UBA）和 NIKE 所贊助的高中籃球聯賽（HBL）。國內知名贊助職業比賽例如：中華職棒、中華汽車體操邀請賽和中華民國宏碁公開賽等。贊助廠商更涉及各行各業、玲瑯滿目，以 SBL 贊助廠商為例，依據廣告品牌可分以下幾類：

（一）飲料食品類

台灣啤酒、黑松沙士、雪天果、冰火伏特加、保力達蠻牛、韋恩咖啡、Airwaves 口香糖、台糖、光泉、奧利多、Life 生活廣場、鮮果多等。

（二）資訊類

中華電信、Nokia、Mio 掌上型導航系統、英華達（OKWAP）、防毒軟體的 PC-Cillin 與亂 Online 網路遊戲等。

（三）運動用品類

通常大部分明星球員都和運動品牌公司有簽約，像 Adidas、Nike、Reebok 等知名廠商。如：SBL 中林志傑、陳世念、田壘和陳信安等都是 NIKE 簽約的明星球員。簽約球員除會獲得簽約廠商的贊助，並定期會提供球員新一季的新款球鞋、T-shirt 和其他運動商品之類。而廠商贊助的目的，除有意無意讓自家商標，在球場上高效率曝光外，主要還是想仰賴明星球員，吸引廣大球迷。

（四）運動健身俱樂部

伊士邦、貴子坑鄉村俱樂部。

（五）電視台

1、緯來體育台

緯來與東森電視網本身即是球隊球團之一，目前緯來計畫從六個頻道擴張成為全台灣最大的七頻道集團，預定在短期內發展成擁有兩個體育頻道的首席電視大亨。緯來電視網，一直以來都十分積極與 ESPN 洽談合作轉播的可能性，經過一年多的討論與會議，終於促成第三季 SBL 合作轉播的共識，相信在國內兩大體育網聯手下，將再次帶動國內籃球運動熱潮，也提供更好的轉播實況給社會大眾。

2、東森電視

東森電視為了向下紮根，接近年輕人，東森媒體買下九太科技籃球隊，改名為「東森羚羊隊」，正式跨足體育界。買下九太科技這支 SBL 超級籃球聯賽的隊伍，東森大手筆投入籃球界，除了參與推廣籃球的運動外，更重要的是，要透過這項活動，讓年輕族群慢慢習慣東森這個品牌。為了拉攏年輕族群，東森不僅大手筆買下籃球隊，還特別成立「運動行銷部」。東森購物高層認為，這群 20 歲不到的年輕人，五年後就可能成為東森購物的目標客層。因此，東森得趁早接觸，其中贊助運動就是最好的方法。

3、ESPN

過去兩年來，ESPN 積極投入 SBL 的宣傳與轉播工作，不僅讓國內的籃球運動持續發展，同時也贏得許多球迷熱情支持，ESPN 對這樣的成果感到光榮。2005－2006 第三季 SBL 賽程，ESPN 將與緯來電視網合作，希望藉由國內兩大專業體育頻道結合，將 SBL 推向更成功的高峰。

（六）醫護衛生用品

1、舒適牌刮鬍刀

企業與職業運動的結合是行銷策略中非常重要的一環，在與職業運動多年合作以來，不但達到了鼓勵球員的目標，也為企業塑造出在消費者心目中深刻的印象與品牌上的優勢。舒適牌刮鬍刀選擇再度贊助中華職棒與 SBL，就是希望藉著球員精彩的表現能夠繼續深植品牌在球迷觀眾中的印象。

2、科正

科正股份有限公司位於台北縣汐止遠東科學園區內，公司對於體育運動、醫療防護、運動科學等軟硬之研究發展及提昇運動產業為創業宗旨。2006 年科正公司贊助 SBL 超級籃球聯賽，期提昇全民健康及運動水準，支持國內籃球盛事。

3、其他

其他醫護衛生用品贊助廠商則有 UNO 洗面乳及熱力軟膏等。

（七）交通運輸

中華汽車、長榮航空、Mazda 汽車、Nissan 汽車、Renault 汽車、Kymco 機車。

（八）財經保險

台灣銀行、台新金控、中國人壽、新安東京海上。

（九）其他

行政院體育委員會、虹牌油漆。

第四節　消費行為理論

人的慾望無窮，造就了各種消費行為，慾望是人類經濟行為的原動力；為了滿足慾望而進行的消費行為，就是經濟活動的最終目的，從最原始的「民以食為天」的基本需求，到提升文化水準、保護生活環境等訴求，經濟學都視之為「慾望」。消費行為是包括物質與精神等各層次的慾望之滿足，欲了解消費行為，必先探討人們的慾望滿足，因為慾望是無窮無盡的、慾望有程度遞減現象、慾望有習慣性、滿足慾望的事物具有替代性、滿足慾望的事物之間有些具有互補性。

為滿足慾望，最終顧客（End user）消費購買產品，以供給自己或他人使用，此一購買行為即為消費者行為

（Consumer Behavior）。消費行為意指購買產品或用服務人的決策過程與行動。

一、消費行為定義

「消費」簡單定義就是「付出代價取得財物或勞務以改善身心狀態的方式來滿足慾望的行為」。「消費行為」是指消費者在搜尋、評估、購買、使用和處理一項產品、服務和理念時，所表現的各種行為（林靈宏，1994）。黃金柱（1994）、Mowen（1990）從個別消費者、小環境和大環境等觀點，提出消費者行為模式基模，如下表2-2所示。

表2-2　消費者行為模式基模

個別消費者的基模	小環境的基模	大環境的基模
1. 資訊處理	1. 溝通過程	1. 文化和泛文化的影響
2. 行為學習	2. 人際過程：交換和個人的影響	2. 次及文化環境
3. 動機和影響	3. 團體過程	3. 社會階層（級）
4. 人格和心理特性	4. 家庭大小和消費者社會化	4. 消費經濟學
5. 消費者信仰、態度和行為	5. 情境影響	5. 消費者至上主義和統整的環境
6. 態度和信仰的改變		
7. 消費者的決定過程		

資料來源：引自黃金柱（1994）。體育運動策略性行銷。

其他學者對「消費」相關定義尚有：Nicosia（1966）認為消費即是以非轉售（Resell）為目的之購買行為。Walter and Paul（1970）指出，消費行為是指人們購買和使用產品或服務時，所相關的決策行為。Engel, Kollat, and Blackwell（1993）等認為消費行為有兩種含義，狹義的顧客消費行為是指為了獲得和使用經濟性商品和服務，個人所直接投入的行為，其中包含導致及決定這些行為的決策過程；而廣義的消費行為包含非營利組織、工業組織及各種中間商的採購行為。

Demby（1974）認為消費行為是人們評估、取得及使用具有經濟性商品或服務的決策程序與行動。Pratt（1974）認為消費行為是指決定購買行動，也就是以現金或支票交換所需的財貨或勞務。消費者與購買者並不一定是同一個人：消費者可能不只一個人，而購買者也許是執行購買活動的代表，消費行為是個人直接參與獲取使用經濟性財貨與勞務的行為，包括導引和決定相關行為之決策程序。Schiffman and Kanuk（1991）認為消費行為是消費者為了滿足需求，所表現出對產品、服務、構想的尋求、購買、使用、評價和處置等行為。Engel, Kollat, and Blackwell（1993）定義消費行為是指消費者在取得、消費與處置產品或勞務時，所涉及的各項活動，並且包括在這些行動之前與之後所發生的決策在內。余朝權（1996）解釋消費行為泛指對某項產品或服務產生慾望，進而引發一連串包含直接涉及、取得、購買及處置的所有活動，在這些活動中所需要的決策程序皆可定義為消費行為。

由上述可知，現在消費行為理論主要都是為購買決策形成的過程的一種模式。

依據心理學研究有關人類個體行為中，認為「行為」是由動機、需求和刺激等所引發的。它可涵蓋外顯行為（explicit behavior）和內隱行為（implicit behavior），外顯行為所指的是表現在外，可被他人察覺得到或看見的行為；內隱行為所指的是個體表現在內心的行為，大部份個體自身察覺得到，旁人卻無法看見。消費行為亦同時涵蓋外顯行為和內隱行為，消費行為研究目的之一，即在於分析其兩者之共通點與差異性。其實自古以來，我們的消費行為就是一種重要的「社會行為」。人類是集體生活的動物，我們所展現的各種消費行為大都具備兩大社會功能（蔡瑞宇，1996）：

（一）自我肯定

人類追求自我肯定的方法有許多，在一個物資豐富的社會，透過各種產品的消費乃成為人們追求自我肯定的一條捷徑。由於所有產品的特性、功能與用途各有不同，人們往往賦予各個產品不同的社會意義。例如：廂形旅行車是全家出遊的工具，因而代表「重視家庭」的社會訊息；雙門跑車的空間及速度則代表「年輕，活力，與個人主義」。對一位重視家庭的中年人而言，購買與駕駛一部廂形旅行車，乃成為肯定自我的最佳消費行為；反之，對一位追求自由與活力的個人主義者，購買與駕駛雙門跑車也是追求自我肯定的途徑。

（二）社會認可

然而人們在展現消費行為時，並不以達到自我肯定為滿足。我們的消費行為還要獲得社會的認可，獲得社會認可的消費行為既是一種自我的表達，也是一種人際的溝通。透過不同消費行為的展現，我們可告知周遭的觀眾，我們所重視的社會價值觀是什麼。例如：一位重視環保的消費者會購買對環境無害的產品，並公開消費這項產品，向眾人宣告其重視環保的個人價值觀；一位重視財富與地位的消費者，則以佩戴價值昂貴的手錶，傳遞其財富與地位的社會訊息。

消費者從多數產品所獲得的主要經濟效益為產品的功能效用（Functional Utility），此乃產品提供給消費者的實質經濟效益，例如：汽車的運輸功能。由於消費是一種社會行為，我們也可從消費的過程獲得自我的肯定和社會的認可。這種心理滿足是個額外的經濟效益，可稱之為產品的象徵效用（Symbolic Utility）。例如：消費者所佩戴的高價手錶，除計時之外，尚可提供自我肯定和社會認可的心理滿足，消費者也因此可獲得額外的經濟效益。從行銷的角度而言，廠商可透過產品差異化策略，來提高其產品的功能效用與象徵效用。

綜合上述，消費行為其實是一門科技整合（Multidisciplinary）。因此，其成長與活躍程度與其他行為科學有關。不論是了解市場的變化、預測未來可銷售的產品及有關的行為、態度與意見，或對品牌忠誠度等，都是由消費行為過程中逐漸形成或最後結果的階段。換言之，我們有必要探討消費行為的理論，才能進一步對消費者的心理有更明確的了解。

二、運動相關產品消費行為模式

運動消費者行為，意指購買運動產品或享用運動服務的人之決策過程與行動。Mullin 認為運動消費者分為分一級、二級、三級的參與者（引自黃金柱，1994），如下表 2-3 所示。

表 2-3 運動消費者分類表

		一級消費者	二及消費者	三級消費者
運動消費者	參與者	正從事運動的人。	專業人員、裁判等。	媒體記者、現場播音人員、現場賭博的人……。
	觀賞者	現場的觀眾。	透過各種媒體欣賞比賽或表演的人。	間接接觸運動的人。如：從一、二及消費者得知的人。

資料來源：引自黃金柱（1994）。體育運動策略性行銷。

現今運動相關產品的種類多且變化快，並隨著流行文化的趨勢，樣式、功能也不斷地加以改良、創新或增加，而商品的標示及品牌的知名度都會影響消費行為，因此，生產者必須跟隨市場潮流消費趨勢來發展產品或研發產品，以便迎合消費者需求（李文娟，1997）。從文獻中發現時下大眾對於運動用品的購買越來越重視，甚至出現非理性的消費行為，例如：因虛榮特性、物質傾向而產生之強迫性購買行為（張威龍、古永嘉，2000）。

廣告對消費的影響力增加，大眾消費社會化脈絡中的一個主要議題，是電視與消費資訊的來源對年輕人消費行為、價值觀與態度發展的影響（劉會梁，2000）。大眾與電視廣告包括：廣告訊息的處理程序、廣告的認知、因廣告而產生的消費行為，廣告可能將特定產品的顯著性提高到同樣產品種類的其它品牌之上，而影響大眾去購買（李宗琪，1993）。因此，運動用品廠商大量運用媒體優勢，改變了消費者對運動用品的消費習慣與運動方式。

另外，父母、同儕對兒童運動用品消費具有一定程度的影響力。父母的價值觀、生活型態、社會地位往往對兒童的運動用品購買行為有很大的影響。獨裁的父母可能會限制兒童的經濟與消費知識；開放的父母，由於相信有智識的選擇來自經驗，所以鼓勵兒童有較早的消費行為。此外，與兒童有關的態度及價值觀，有可能受到同儕群體的影響力所致，包括：同儕本身對產品、品牌或廣告的評論（comments）（邱魏頌正、林孟玉，2000）。所以，許多年青人會一窩蜂的同時追求某一知名運動用品，而這種媒體虛擬出來的慾求及同儕壓力，使得趨向更為一致化（劉會梁，2000）。

綜合上述運動相關產品消費行為模式，可從下列三種觀點：決定的觀點、經驗的觀點、以及行為影響的觀點，來了解影響消費者對運動相關產品「消費行為」的因素。

（一）決定的觀點

主要的消費者觀點主張消費者乃是做決定的人，依據此觀點認為，消費者購買運動相關產品行為的發生，乃因消費者自覺到有某一種問題存在，故需以一種理性的方法加以解決。例如：穿久的球鞋已殘破不堪，無法繼續穿著使用，此時消費者會尋求購買一雙新球鞋。而當消費者決定購物時，往往歷經問題的認知、解決方式的尋求、選擇的評量、抉擇、及產品或服務獲得後的評量等步驟。

（二）經驗的觀點

對消費者購買持經驗觀點者主張，有時候消費者在歷經理性的決定過程之後，仍不購買產品。相反地，他們之所以消費某種運動相關產品，只是為了有趣、創造想像，和情緒或感覺的一時之興起。亦即，這種消費，可能是一時的衝動，也可能為了追求多樣性。例如：原本購買某款球鞋，卻花費較高預算購買限量或喜愛球星代言之球鞋。

（三）行為影響的觀點

誠如上述的經驗觀點，行為影響的觀點為消費者行為新興的一個領域。持這種觀點者認為，因為外在環境力量大到足以影響消費者採取行為，而未必對所將採取的行為有一種強烈的感覺或信仰時，行為影響就會發生。亦即，消費者購買某種運動相關產品，未必經歷理性的決定過程或受感覺的影響。相反地，消費者的行為是因環境力量（例如：文化規範、團體規範、物質環境或經濟壓力等）對行為直接影響的結果。例如：周遭同學、朋友皆穿著某知名廠牌之球鞋，若在購買球鞋時，亦會以該廠牌為第一考量。

三、運動相關產品購買決策過程

消費者行為理論近十年來不斷受到學者們的熱烈討論，許多學者將相關的各種因素加以整合而發展出消費者的行為模式。過去的研究中，各種消費者消費行為模式皆嘗試著整合消費者做決策時的各方面因素，而消費者對運動相關產品之購買決策過程一樣適用。EKB 模式（Engel, Kollat & Blackwell Model, 1982）是目前消費者行為模式中，發展最完善且比較受學者認同的一種。E.K.B 模式為 Engel, Kollat and Blackwell 三人於 1978 年所提出，整個模式可分為五大部分：訊息輸入、資料處理、決策過程、決策過程變數、外界影響，如圖 2-2。

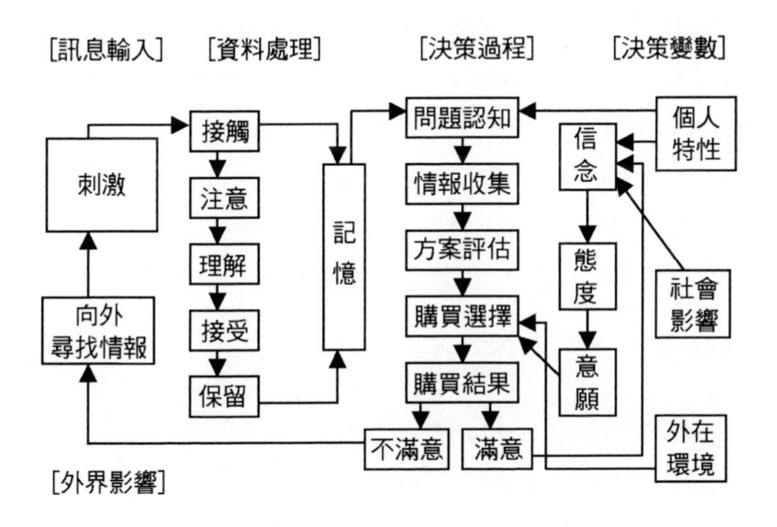

圖 2-2　E.K.B 模式圖

資料來源：Engel, J. F., Blackwell, R. D., & Kollat, D. T.（1982）. Consumer behavior.（4thEd.）.New York: Holt, Rinehart & Winston .

上述這五大部分又以「決策過程」為核心，亦即是消費者在購買過程中，實際的心理思考過程。在EKB模式中，消費者的行為可視為真實決策和決策如何作成的過程，而消費者購買行為決策過程中主要分成下列四個階段。

（一）問題的認知（Problem Recognization）

問題的認知主要是受到外界與內部的刺激所產生，當消費者認為理想與實際之間有差距時，則問題便產生；問題產生後則整個系統便開始運作，目標也化成了具體的行動。

（二）情報的蒐尋（Search）

當消費者認知了問題的存在，便會去蒐尋相關的情報，情報蒐尋又可分為「內部蒐尋」與「外部蒐尋」兩種，所謂內部蒐尋（internal search）是指消費者由其現有資料或是過去的購買經驗中去尋找。當內部蒐尋無法滿足其需要時，便會轉向外部尋找，所謂的外部蒐尋（external search）諸如大眾傳播媒體、廣告、行銷人員及親友等。至於是否要去外面尋找，則必須在知覺的利益與知覺的成本之中作一比較再決定。

（三）方案評估（Alternative Evaluation）

當消費者蒐集了有關的情報後，就可據以評估各種可能的方案。方案評估包括五個部份：

1、評估準則（evaluative criteria）：即消費者用來評估產品之因素或標準，通常以某種屬性或規格來表示。

評估準則係由個人累積的資訊和經驗形成，但會受到個人動機的影響。

2、信念（belief）：即消費者對各方案或品牌在各項評估準則上之評價。

3、態度（attitude）：即消費者結合各方案或品牌在各評估準則上的評價後所產生對各方案或品牌之有利或不利的反應。

4、意願（intention）：即消費者選擇某一特定方案或品牌的主觀機率。

5、選擇（Choice）：方案評估完成後，消費者便會依照其購買意願而完成最後的選擇決策。然而此時仍有可能會因一些無法預測的情況，例如：資金的缺乏、商店的影響...等，導致最後所作的選擇與當初所預期的不同。

（四）購買結果（Outcomes）

當消費者依照前面的購買過程買了某項產品之後，可能發生下面兩種情況：滿意或不滿意。如果消費者所購買的產品無法滿足自已預期的需要，便會造成不滿意的現象，隨之而產生的，便是消費者對產品的抱怨及對品牌忠誠度的降低；如果購買的產品能滿足當初自已的期望，則重覆購買同一品牌的機率便會增強，進而提昇對該品牌的忠誠度。

以上係消費者決策過程中的四個階段，然而此一過程亦可能受到其他因素的影響，諸如：外在的文化、參考群體、家庭的影響以及個人內在的動機、人格型態、人口統計變數

等。其中人口統計變數及人格型態二者即是構成消費者之間購買行為差異的主要因素。（王麗珍，1984）

雖然上述模型有利探討購買決策，但決策過程並非一直線，仍然有可能的變化情形發生，假如需求消失，或沒有可滿足的選擇方案，消費者可再購買前任何時間點撤回，通常這些階段期間不一，也可能會重疊，且可能略過某些階段。消費者經常同時進行數種不同的購買決策，其中之一的結果可能影響另一決策。

其實購買決策過程早在實際購買行動之前就已發生了，其結果則在實際購買之後仍會持續很久。而影響消費者下決策之重要因素即為消費者的參與程度（level of involvement），也就是消費者投入多少精神以滿足需求。有些情況屬於高度參與，即有需求時，消費者將主動積極蒐集並評估有關購買資訊，這些採購包含了購買決策過程中所有四個階段。由於消費者之間差異甚大，將其概括論述是很危險的，但在下列情況下，消費者將傾向採取高度參與：

（一）對於可滿足需求之選擇方案，消費者缺乏有關資訊。

（二）消費者認為採購金額龐大。

（三）產品被認為具有社會重要性。

（四）產品可能可提供很多好處。

但大部分購買決定都是屬於較低價，有相近替代產品之採購，所以不包括以上的情況。這些是屬於低度參與之採購，消費者可能略過或快速通過第二、三階段（尋找可選擇方案和方案評估）之決策修改過程。

四、影響 SBL 球迷運動相關產品消費行為的因素

上述理論中，談及消費行為各有其動機，而影響 SBL 球迷運動相關產品消費行為可分為興趣、球齡、習慣、資訊等四因素，探討如下：

（一）興趣

興趣的定義為在某項活動中發現自我，並渴望繼續通過描繪自我而完善自我的本能。人類行為學指出，興趣是支持人類行為持續進行的重要因素之一。反觀，對參與的行為或活動若興趣缺缺，勢必難以維持繼續下去。有了興趣，人們才有進一步的行為產生，譬如：參與、消費等。以觀賞者角度為例，觀眾本身對某些運動的內容已有一定的興趣而主動接觸它們，故亦較容易受其影響繼而改變自己的觀感、行為和消費模式。例如：對籃球運動有濃厚之興趣，會進一步參與觀賞 SBL 的競賽，甚至消費相關商品，以滿足自己的興趣。

（二）球齡

球齡意指觀賞或參與某項球類運動的持續時間。球齡的長短，往往影響其偏好與習慣。譬如，球齡較長將比球齡較短之觀眾，更易熱衷於其球場上的競賽與場外的互動，對於運動相關產品，也較能朗朗上口，有消費的意願。且球齡長的觀眾易對喜愛、支持的球隊或球員有歸屬感，無形中對支

持球隊、球員的周邊商品之消費，自然也就頻繁。例如：球員代言專屬球衣、球帽及球鞋等。

（三）看 SBL 習慣

任何有生命現象之生物都有習慣，有的習慣來自於天生，有的則是後天環境所影響的。習慣影響人類許多，我們也就依賴著習慣過日子，習慣多來自後天環境影響，所以習慣是會變的。變多、變少、變更好或變更差，或者換了個新的依賴。觀賞 SBL 運動也是一樣，當習慣養成，身邊週遭都逐漸感染自己所喜愛的運動風氣。簡單從收集相關資訊到支持心儀球隊，甚至穿著贊助品牌的運動襯衫、籃球鞋等。這也就是為什麼許多運動產品喜愛贊助特定運動賽事的原因，畢竟投其所好，最能抓住消費者購買慾望。

（四）資訊

資訊發達的社會，消費文化與資訊傳媒可謂息息相關，我們每日在報章雜誌、電視、網路或地鐵的宣傳版上，都看到不同的品牌廣告。這些密集式的宣傳無疑加深了各大品牌在大眾心目中的印象，或多或少刺激到某消費者的購買慾，至少廣告和宣傳也能把產品和其形象連在一起，構成流行文化和形象的指標。最好的例子，就是 SBL 場上周圍環繞的廣告看板，贊助廠商無不費盡心思。

第五節　相關文獻探討

企業將行銷目標設定在特定之市場，並進一步了解消費者之背景、心理特徵及生活形態，以便做最有效之廣告效益與行銷，並且促進消費者購買產品。因此，只要在企業與運動雙方目標市場相重疊的情況下，企業將會願意與運動結合，以快速達到深入特定大眾之生活的目的。以下為運動行銷、廣告效益、消費者行為、SBL 等相關文獻分析。

一、運動行銷相關文獻

馮義方（1999）在企業對運動贊助行為之研究中指出，新時代的行銷戰爭必須具備有效的促銷工具，因此，企業贊助活動的方式就應運而生。而運動是跨越國界與文化，不分年齡、性別與社會階級的全民活動，並且提供一種傳播媒體的功能，在企業與消費者之間創造結合，故而國內外企業贊助運動的風氣正日漸興盛。透過對於宏碁集團、台灣銳步公司、中華汽車、年代影視、三商企業與金車公司深度訪談的方式，以瞭解企業贊助運動之整體行為模式。藉由探討企業贊助動機因素、企業特性因素、外在環境因素、企業贊助的決策準則、贊助的決策內容與贊助後對企業造成的影響等變數，以定性研究的方式探討其相關性。研究發現不論企業特性為何，增進企業形象與知名度以及善盡社會責任都是企業贊助運動的動機之一。且企業基於增進形象的目的，會傾向以形象一致的活動作為優先決策準則，並考慮媒體曝光率與產品相關性、運動組織的健全度與其他贊助廠商的情況等因素，而贊助決策內容則以長期持續贊助或主辦活動為主。而就企業贊助決策過程與企業實際執行贊助的影響來看，企業贊助運動後對於企業最主要的影響是使贊助企業的形象與知名度能提升。

黃淑汝（1999）在台灣地區職業運動贊助管理之研究中指出，過去「企業贊助」一直被當作是一種慈善行為，是公司在行有餘力時，回饋社會的方式。近年來，由於媒體廣告費用昂貴、傳統溝通形式對顧客無法產生差異化的效果以及某些國家對菸酒廣告的限制等因素，促成了贊助活動的成長，使得商業贊助成為現今公司與顧客溝通的一種重要方式。隨著此種贊助型態的活動逐漸增加，大企業逐漸採取專業化的管理方式進行贊助，並將之視為行銷組合中的重要部分。因此，如何讓「運動贊助」的功能能夠輔助企業的經營，以增加其競爭優勢，則是現在贊助企業的一個重要課題。據此，研究以運動贊助管理架構為理論藍本，使用問卷訪查的方式，針對運動贊助廠商的贊助動機、贊助管理態度及贊助後所產生之贊助效益做深入的調查與研究，以用來預測職業球隊運動贊助之未來趨勢為何，並提供業者進行職業球隊運動贊助時之參考。研究結果顯示，企業在職業運動贊助管理上的重視程度越高，其贊助效益、贊助後滿意度以及再贊助意願也會隨之升高。因此，贊助企業若能遵循正式的運動贊助管理架構來從事其贊助活動，將可收事半功倍之效。至於被贊助者，即本研究中的職業運動聯盟或球隊，則應瞭解贊助商所求何物，投其所好，才能互蒙其利，達到雙贏的境界。

張良漢（1999）探討企業贊助體育運動之動機，包含：提昇企業形象、廣告效益、回饋社會、長期商業利益、促銷。企業贊助體育運動評估準則，包含活動的知名度、授受單位、大眾傳播媒體報導、贊助方案主題。企業贊助體育運動的形式，包含企業實際產品、金錢贊助、人力資源提供、主辦體育活動、認養運動代表隊。企業贊助體育運動之發展現況，包含運動贊助之發展、企業贊助決策行為、企業贊助與交換理論。勸募企業贊助體育運動之管道，包含直接與企業相關部門洽商、透過公關顧問公司遊說、利用電話簿尋找可能贊助商、由大眾傳播媒體勸募及依所需贊助項目拜訪相關企業。

洪文宏（2001）在消費者態度對企業贊助效益影響之研究——以亞洲盃棒球賽為例中，以消費者的態度為出發點，探討影響企業贊助運動事件效益的影響因素。研究結果發現：消費者的運動態度對企業贊助的購買意願具有顯著影響；消費者的重視程度對企業贊助的購買意願具有顯著影響；消費者的理性態度對企業贊助的商業形象、社會形象具有顯著影響，而消費者的感性態度對企業贊助的商業形象、社會形象和情感關注具有顯著影響；在消費者對贊助企業贊助目標的認知方面，當消費者認為企業是基於公益目標而贊助運動事件時，在商業形象、社會形象、購買意願皆達到顯著，且較基於商業目標的效益為佳；而在情感關注方面，商業目標會較公益目標有較佳的效益；形象適合度則對商業形象、社會形象、購買意願及信心態度達到相當高的有顯著水準。研究最後建議：企業選擇贊助事件時，應選擇消費者重視的運動與事件，且與企業形象一致的事件進行贊助，並以較不具商業氣息的公益方式、長期掛名的贊助方式進行贊助，以獲取較佳的贊助效益。

陳柏蒼（2001）在企業贊助對企業品牌權益影響之研究中則探討，傳統企業行銷活動已無法滿足企業目標與消費者需求下，加上消費者的購買決策受到非行銷因素影響的比重日漸增加，企業為讓行銷推廣獲得更大迴響必須不斷發掘新的行銷方式。企業贊助活動為近年來新興的行銷溝通工具，舉凡社會慈善、學術教育與節慶運動等活動，都是企業贊助熱門的相關類型。此種行銷方式結合行銷與非行銷目的之溝通，一方面可讓企業善盡非行銷目的之社會責任，另一方面亦達成企業所欲滿足的行銷目標。以往贊助之相關研究多針對體育贊助類型活動而缺乏一般性；另一方面藉以衡量企業贊助績效指標者，多為品牌形象或消費者態度，缺乏可讓企業作為決策反饋的明確衡量。另外，品牌權益亦是近年來新興的績效衡量工具，可作為企業進行行銷績效衡量的明確指標。有鑑於此，研究以速食業品牌為實證對象，主要目的在於運用品牌權益的衡量方式，探討企業贊助對企業舉辦贊助後的績效表現。研究運用實驗法進行，共分為執行贊助之實驗組八組與兩組不執行贊助之控制組等十組。研究之重要發現如下：

（一）整體而言，執行贊助活動對品牌權益有正面的影響，尤其在品牌態度聯想方面有顯著差異。執行企業贊助不僅可提高消費者的購買意願，還可以讓該品牌在消費者心目中奠定關心社會與善盡社會責任的形象，另一方面亦可博得消費者對該品牌深具特色的好感。

（二）贊助類型的關聯度高低，不會顯著影響企業品牌權益。不論舉辦關聯度較高的贊助活動或關聯度較低的贊助活動，消費者對於該企業的評價不會因類型不同而有顯著差異。

（三）贊助涉入程度的高低，對於品牌權益有顯著的影響。贊助涉入程度高的贊助效果顯著大於執行涉入程度低的效果，企業執行涉入程度高的形式可為企業帶來顯著的功效。

吳佩玲（2003）在企業贊助活動屬性與品牌個性相關聯程度對品牌權益的影響之研究中則認為，多變的現代社會，傳統的行銷組合已經不能滿足時代的需求，為了達到最佳的行銷效果，各大企業漸漸轉而採行新的行銷方式——贊助活動。根據國外一般大眾對贊助活動的迴響程度來看，可知贊助活動對於品牌形象及品牌聯想具有顯著的提昇效果，在台灣也漸漸採用此行銷方式。研究以探討下列三點為中心：

（一）探討企業舉行贊助活動之屬性與品牌個性相關聯程度對品牌權益的影響，並加入品牌知名度的因素一起考量。

（二）探討消費者購買涉入程度是否會影響企業舉行贊助活動對品牌權益作用的成效。

（三）探討個人活動參與傾向是否會影響企業舉行贊助活動對品牌權益作用的成效。並以實驗法的方式進行，有兩個操作變數（贊助活動屬性與品牌個性相關聯程度與品牌知名度）以及兩個干擾變數（消費者購買涉入程度與個人活動參與傾向），共四組實驗組與兩組對照組，再經由 MANOVA 統計分析。實驗對象為大學生與研究生，共 220 個有效樣本，實驗組的企業為連鎖咖啡業之 Starbucks 咖啡館與西雅圖極品咖啡館。研究結果顯示，具高知名度的品牌，在消費者心目當中已經有一強烈的既定印象，所以不論執行的贊助活動屬性與品牌個性的關聯是一致或迥異，對其品牌權益都有提昇的效果，尤其當與品牌個性一致時影響效果有更顯著提昇，並且活動效果會明顯呈現在「讓自己得到社會認同」與「對服務人員的態度」上。

李嘉文（2003）探討贊助高中籃球聯賽（High-school Basketball League，簡稱 HBL）對於 NIKE 品牌權益是否有影響。研究目的：包括運動贊助與否對 NIKE 品牌權益之影響、參加 HBL 與否的學校消費者在運動贊助實施對於 NIKE 品牌權益的影響、不同消費者涉入程度在運動贊助實施對於 NIKE 品牌權益影響。研究對象針對 900 位受訪者，是從參加與未參加 HBL 的學校中，各選取 20 間學校，每校 45 名，分前後兩次發放問卷。前測有效問卷率 95.66%。後測有效問卷率 85.94%。使用描述性統計、重複樣本 t 檢定、單因子變異數分析等方式分析。研究結果發現：實行運動贊助對於 NIKE 品牌權益有顯著影響，顯示實行運動贊助對於 NIKE 品牌權益有提升的效果。不論學校是否參加 HBL、NIKE 在實行運動贊助後，對消費者品牌權益皆有正面影響。高涉入程度與低涉入程度消費者在 NIKE 實行運動贊助後，高涉入程度消費者對於 NIKE 品牌權益有明顯提升，而低涉入程度消費者對於 NIKE 品牌權益提升較少。並且建議知名品牌應藉由運動贊助突顯品牌形象與價值，穩固競爭市場的領導地位。而且運動贊助實施對於高涉入程度的消費者更有強化品牌權益的效果。

黃佑鋒（2003）以 Nike 贊助 HBL 為例進行運動賽會的媒體策略對企業贊助意願之研究中，認為長久以來國內運動組織或運動賽會缺乏一套吸引媒體報導，鼓舞企業贊助的運動行銷概念，使得國內的運動產業不但未因有線電子媒體的勃興而更上層樓，且在這波媒體變革中愈加邊陲化。以文件分析法和深度訪談發現，高中體育運動總會因主事者認知媒體是運動商品化不可或缺的夥伴，有計畫建構其媒體策略和步驟，藉媒體傳播的力量凝聚參賽學校向心力，炒作明星球員，提高賽會知名度，在運動產業不景氣中一枝獨秀，並獲跨國品牌 Nike 及國內廠商的贊助，為運動賽會的反敗為勝，提供了珍貴的典範。此外，由於政府的長期忽略，運動組織的因循怠惰，使得運動並未能成為全民的生活方式。不論媒體、運動組織、企業單位等並不瞭解運動的真諦和觀賞價值，甚至對運動做為行銷的手段，也是一知半解，都使運動行銷在國內難以全面拓展。運動組織架構宜全面改革，強化運動行銷觀念，引進專業運動行銷人員，並從學校基礎教育與政府的獎勵雙管齊下，提升參與和觀賞運動人口，擴大運動市場的規模，才能標本兼治，重振運動產業的春天。

吳彥磊、邵于玲、王宏宗（2004）則在宏碁中華民國公開賽企業贊助效益之個案研究中，藉由問卷調查的方式，了解企業贊助比賽是否可以提昇消費者對公司的知覺、態度、形象及購買意圖的提升。研究結果發現，每個月從事高爾夫運動頻率超過三次以上的觀眾，比每月少於一次的觀眾對宏碁企業的品牌及形象之知覺和態度效益上來的高。使用宏碁個人電腦之觀眾對宏碁企業的態度上，比使用非宏碁品牌的觀眾達到顯著。有收看高爾夫運動電視轉播習慣之觀眾對宏碁的知覺、態度、形象和購買意圖，比沒有收看電視轉播之觀眾來的高。現場觀眾對本賽事之主要贊助廠商的辨識率高達 93.4%，觀眾主要背景已中年已婚男性為主，而且這些觀眾超過六成的人有從事高爾夫這項運動。時常接觸高爾夫運動的觀眾對宏碁形象、知覺、態度和購買意圖有較高程度的認同。

林南宏（2006）在企業贊助運動效益之研究中，認為近來贊助已成為今日行銷活動中成長最快速的領域，許多企業紛紛投入大筆的金錢對一些運動賽事進行贊助。而透過這些活動，企業強調正面之形象，或強調他們可帶給消費者的利益，使之轉變為偏好或購買此品牌的動機。研究的目的在分析球迷涉入對球迷認同感是否有正向影響，及球迷涉入與球隊認同感對贊助效益是否有正向影響。以台灣之球迷為研究對象，問卷施測得有效問卷 408 份。資料經 LISREL8.20 套裝軟體進行統計分析，研究結果顯示：整體模式適配指標皆通過門檻值標準（$\chi2$／df＝2.90、GFI＝0.83、CFI＝0.91、RMR＝0.042、RMSEA＝0.095、IFI＝0.91）。整體模式適配指標皆為相當接受，這也表示球迷涉入對球隊認同感，及球隊涉入與球隊認同感對贊助效益的確有正面影響。

二、廣告效益相關文獻

林振雄（1991）在國內職棒球團與其企業間互動關係之研究中，指出球隊職業化後，球團與企業之間已不再只是單純「企業支持球隊」的關係，球團本身的發展和能帶給企業額外的利益及利潤、知名度等的提昇。研究透過業者的面訪、再輔以對潛在進入者與一般民眾之問卷調查，瞭解當前國內職棒球團與其企業間之互動關係。研究發現業者的進入動機主要為：有助企業建立良好企業形象，藉球團加強員工之向心力，以及職棒之廣告、宣傳效果宏大等。進一步訪問時發現：廣告效益極大是成立職棒隊後最明顯的影響與貢獻。對形象的提昇、員工向心力增強、以及間接業績、銷售額的提高，業者亦多持正面、肯定的態度。而對於民生有息息相關的企業，職棒使其能與民眾更緊密結合似乎亦令其開懷。而球員問題與球場老舊、設備不佳為主要的進入障礙，至今尚還存在；在尚未有效解決之際，又面臨新球團積極進入的考驗，此對國內職棒環境、水準確實是一大考驗，無形中更加強外籍球員上場的數量與其重要性。民眾方面：80.6%的人知道國內有職棒比賽，其中對各球團的認識達 73%以上；88.2%知道者贊同其它企業加入職棒行列，71.3%會被企業利用職棒所作的廣告吸引，68.1%是因為媒體不斷報導才知道某些球隊背後所屬企業；而 55.6%知道者在企業成立職棒後，在其心中的企業形象比以前更好，且 55.1%認為球團將成為其企業之代名詞。

高志宏（1997）為了解提昇新媒體（WWW）橫幅廣告效益之決定因子為何，選擇傳統廣告媒體上 12 個刺激決定因子，利用實驗以及資料分析，探討其對橫幅廣告之效益是否有所影響，研究結果顯示，大部份因子其使用與否抑或是不同程度的差異，其對於橫幅廣告效益皆具有顯著性的影響力，尤其是如「位置」之動化項因子，對於橫幅廣告的呈現具有決定性之影響力，而因子也可以結合 WWW 的特性，對橫幅廣告設計策略進行建議的提供，另一方面，雖然研究只發現少數刺激的決定因子與 WWW 瀏覽者涉入型態產生交互作用，但是該研究仍建議 WWW 瀏覽者本身涉入型態及其特徵仍為設計橫幅廣告時應該考慮的因素，除此之外，因為大多數注意的刺激決定因子之使用與否或是程度上的差異，對高低涉入型態者在橫幅廣告效果上有顯著的差異，因此如何使用具有創意的廣告執行方式，將會是使橫幅廣告達到最大效益的手法。

唐雪萍（1998）為探討廣告重覆策略對品牌多樣化之變化尋求行為的影響，以實驗法蒐集資料，經由變異數分析獲得實證結果顯示，品牌選擇時尋求多樣化的程度會隨廣告重覆而減弱，因此降低廣告內容重覆策略的效果將大於相同內容的重覆策略，另外，研究結果亦也建議行銷人員在擬訂廣告策略時，為了達到目標成效，應了解消費者尋求變化之消費行為，並利用廣告重覆策略來影響消費者對於變化尋求之行為。

廣告一向為電視媒體最大宗的主要收入來源，因此，高度商業導向已為電視媒體必然之趨勢，而廣告為求有效，以具有意義的符號在消費者心中留下深刻印象，取代原有實質商品的功能說明，林信宏（2002）以 NIKE（耐吉）為例，探討廣告符號學的運作原則，發現此一類型之廣告方式，經常受媒體內容及流行風潮兩個因素的影響，可藉由廣告來加強消費者的印象與主觀意識，並透過廣告主對不同的符號象徵意義來定位產品，然後再輔以媒體的力量，刺激消費者的購買慾，並強化消費者的購買行為。

施致平（2004）以國內三家電視台（台視、中視、緯來）為研究對象，探討轉播亞洲棒球錦標賽期間廣告與收視率之關係，並採內容分析與收視調查為研究方法，瞭解廣告之產品類別、探討廣告之特性、分析亞洲棒球錦標賽之收視情況，以期解構電視收視與廣告效益。研究採用描述統計、百分比及每千次成本分析，探討 2003 收視與廣告特性，其具體之發現如下。（一）2003 年亞洲棒球錦標賽之總廣告量為 30,840 秒，共 1,965 則廣告，飲料類（38.52%）為電視廣告中之主體，其次為藥品類（33.85%）與食品類（14.98%）；此外，廣告產品皆屬低價位之產品，佔總廣告量之 87.35%。（二）電視收視分析，緯來體育台（3.47）不僅在收視率優於台視（1.46）及中視（1.21），在累計觀賞人數與收看時數方面，緯來亦優於台視與中視；此外，緯來之觀眾其轉台之比例較少，觀眾對緯來之忠誠度較高。（三）主要觀眾輪廓分析，以有工作之男性、高中教育程度、中南部之民眾為主。台視與中視均以 50 歲以上為主要之觀眾群，緯來則涵蓋 30－50 歲之觀眾群；在男女比例方面，雖男性仍為大多數，但女性觀眾有成長之趨勢。四、收視與廣告效益評估分析，依每千人成本的特性分析，緯來體育台優於台視及中視。緯來是廣告主執行媒體購買達到廣告效益的最佳選擇。

本土企業明基電通 BenQ 於 2004 年，為國內首家結合代言人與電視廣告為宣傳手法的廠商，馬光宇（2004）以 BenQ 公司推出的 Joybee Mp3 player 為主要研究標的進行廣告效益的探討，針對國中、高中、大學及研究所學生（即 16 歲至 25 歲的年輕族群）進行消費者廣告偏好了解，探討主軸以本土偶像歌星蔡依林為其代言是否增加該公司之業績成長為重心；利用統計之頻率分析方法，研究結果顯示消費者對的 Mp3 player 當前使用產品與購買考量因素，對於蔡依林廣告之偏好程度有顯著性，代表偶像代言之廣告，會影響消費者承購該產品之意願，顯示結合偶像代言及電視廣告吸引特定族群承購，對於該產品具有顯著之廣告效益，並為該公司帶來可觀銷售業績。

蔡佩珊（2004）以產業的角度分析各種網路廣告效果，探討廣告主、網站業者與網路廣告代理商之間對於網路廣告效果的認知差距的現象，並研究出網路廣告效果評估方式可能改善之處，研究以七位產業組進行深度訪談，並加上三個個案分析的方式，來瞭解網路廣告業界如何評估廣告效果之表現，經研究後發現「曝光性指標」可視為衡量網路廣告效果之基礎參考值，優點在於能在當下確實評估廣告品牌與知名度的提昇，但礙於無法正確的了解網友對廣告的反應與態度是為其缺點；另外，「互動性指標」最能直接且具體反映廣告效果，是目前網路廣告中被廣為接受且重視的評估指標，除檢視網路廣告目標達成與否，亦可透過與網友的互動表現來瞭解廣告收益情形，但缺點在於容易忽略廣告曝光量及使用者行為上的成效表現；間接而次要的衡量指標則以「使用者行為」為主，主要依網友需求來檢視網頁架構設計或網路活動規畫是否相符合，可以用來彌補其他指標在量的評估方面的不足，但相對於其他指標，此一指標須要投入較多的成本，且為了分析出網友行為動機，其花費的時間也較長，透過指標可以估測出網路廣告的效益程度如何，並提供業界有效的廣告效果測量方式。

蔣昆霖（2004）以台灣地區（台北、台中、高雄）之一般消費者為進行問卷施測，分析消費者對運動選手代言人之可信度與廣告效果，經研究結果發現，代言人可信度對廣告效果、廣告態度、及產品態度皆有正面影響，其中代言人可信度對於產品態度屬於間接影響，主要在於代言人可以透過廣告態度去影響到產品態度，然後提升消費者的承購意願，因此，具有間接效果存在，也說明運動選手代言人之可信度具有顯著之廣告效果。

林裕恩（2005）為了瞭解大學生運動品牌偏好及電視運動廣告效果，以立意抽樣的方式抽出 165 位喜歡 adidas 或 NIKE 的學生，並以「電視運動廣告效果之調查問卷」為研究工具進行廣告效果實驗，研究結果發現運動品牌偏好集群在偏好 adidas 及 NIKE 這兩品牌存有顯著差異，其中以女大學生、年齡較大者、運動休閒學院、及較高年級者的品牌偏好較為鮮明，另外，受測結果顯示 adidas 廣告有較佳的品牌態度，而 NIKE 則有較佳的廣告認知，兩者廣告效果皆有顯著差異，但以 NIKE 的廣告效果較為顯著，顯示 NIKE 品牌對於廣告收益有較佳表現，其主要因素來自於受測偏好者對於「品牌態度構面」及「購買意願構面」之認知程度較高。

為了解不同特性之消費者族群、購買動機之差異，畢展榮（2005）針對國內消費者對運動產品之購買動機、廣告代言人之體認、及消費者的分佈情形進而了解，主要研究發現台北地區運動用品專賣店參觀之消費者以未婚男性為主（18－24 歲），多為大專學生且平均月收入方面 15,000 元以下；消費者對電視運動廣告代言人之「專業性」認知最高，最重視運動廣告代言人是否具備「代言人擁有豐富的運動相關知識」；購買運動產品最重視是否能「提升更優良的運動品質」；運動廣告代言人認知情形對於消費者的購買動機有顯著相關性，顯示代言人之「吸引力」對於消費者之購買動機有顯著的影響。

陳金榮（2006）則以 NIKE 從 2001 年至 2005 年的兩篇「NIKE 籃球運球篇」和「NIKE 籃球 FUNK 篇」廣告為研究對象，分析其廣告內容所蘊含之象徵義、隱含義與明示義；該研究發現在「NIKE 籃球運球篇」中隱含義主要在於隱喻黑人球員在運動場上的重要性、象徵義則代表著美式嘻哈文化與籃球運動的流行，另一方面，「NIKE 籃球 FUNK 篇」中之隱含義代表著創新且不同於傳統的籃球風格、象徵義則代表著 FUNK 精神的社會文化及流行傳承；兩篇廣告的明示義，不約而同的都是用來吸引消費者購買 NIKE 產品，也是廣告主要達成之目標。

三、消費者行為文獻

甘玉松（1991）在以臺北市公私立國中至大學、研究所在學生為研究對象，了解不同消費群對不同品牌茶類飲料之喜好程度暨在消費行為、媒體接觸行為、生活型態和人口統計變數上之特性，結果發現各層次的消費群在屬性偏好方面最重視口味，其次才為購買便利性；在消費行為特性方面之消費情境以『想喝就買來喝』比例最高，顯示產品的鋪貨普及度越高，越容易吸引消費者的購買；另一方面，購買習慣以『習慣性購買』最多，顯示消費族群對於產品具有一定的消費習慣存在，因此對於產品具有一定程度的需求及購買模式；而購買通路則以『自助式平價中心』最多，主要可能是以取得的方便性及產品價格為主要消費依據；對於媒體接觸行為方面，消費群最常觀看電視節目的時段是星期六晚上的綜藝節目、最常閱讀的雜誌是時報周刊、最常閱讀的報紙是聯合報，因此企業可以針對這些特定的管道對消費者進行行銷；至於人口統計變數方面，高消費群之男性比率高於女性，因此企業可依其特性對於高消費群擬訂適當之行銷策略。

林世寅（1993）在消費價值與品牌選擇之研究中，認為了解消費者購買行為是行銷人員的首要工作，整個行銷活動的法則包括：目標市場的選擇、產品的定位、產品型式、價格、通路、促銷的組合等。過去的消費者行為模式偏重於描述消費者決策過程，並沒有針對消費者的購買動機的理論加以分析；再則，過去的消費者模式只能解釋並不能預測消費者的選擇。基於此，研究以 Sheth 所提出之消費價值與消費者選擇理論（Consumption Value and Market Choices）為理論架構，並以香煙產品中之兩大品牌－萬寶路與長壽為研究品牌，探討香煙使用者的品牌選擇行為以驗證此模式之實用性。所謂價值是指產品或品牌滿足消費者需求的能力，而消費者的選擇有三個層次：買或不買，買哪種型式，買哪個品牌。消費價值可分為五種：功能性價值，社會性價值，情感性價值，嘗新性價值，條件性價值。此五種價值驅動消費者的選擇，在不同的選擇各有不同程度的貢獻，各價值彼此獨立不能互相取代。研究採先對品牌使用者進行小組訪談（Focus Group），以得到各價值之變數，再將所得之變數設計成問卷進行抽樣調查。問卷所得之結果，先用因素分析將各價值之變數萃取出主要因素，再將所得之因素對樣本進行區別分析，以驗證此模式之預測能力。研究結果獲得以下之結論：兩品牌使用者在品牌選擇時是由功能性價值，社會性價值，嘗新性價值，條件性價值所驅動。而所得區別函數之預測能力亦達 82.77%之正確率。消費價值理論除了簡單易懂外，並兼具完整性。幾乎所有有關消費者行為理論在概念上皆有相似之處，而理論之操作化亦有貢獻。

自從國內實施週休二日的措施開始，國內各種休閒風氣蔚為流行，也帶動眾多休閒產業的興起，其中台灣自行車產業素有「自行車外銷王國」的美譽，自然自行車休閒運動風氣也更為社會大眾所推崇，因此，許世彥（1998）便以自行車業為主要研究對象，針對台灣自行車消費者的購買行為進行探討，其中研究將自行車的消費者區隔成經濟型、資訊型、外顯型、與實用型等四個群體，發現自行車消費者的市場區會隨人口統計變數的不同而具有顯著的差異；而騎乘品牌、購買者、購買處所及購買價格等四項購買決策，也會因自行車消費者的市場區隔不同而存在著顯著的差異；另外，自行車消費者的市場區隔對於產品的主要用途、騎自行車主要原因、購買資訊來源、廣告宣傳手法、滿意度及再購可能性等因素皆具有顯著的差異。消費者對於選擇自行車時最重視產品的利益，其次為騎乘舒適性、與售後服務等，最不重視的是廣告手法及曝光率的多寡、或與店員有無熟識；購買訊息來源對消費者購買的影響程度以消費者自己的經驗與看法最高，影響程度最低的是廣播電台、報紙及一般雜誌的行銷方式；消費者對目前所騎自行車大部份感到滿意，並且願意再次購買同一品牌產品的機率也較大；由上述研究發現可以得知，不同的消費者區隔，將會影響消費者的承購意願及選擇，此外，消費者的習性不同，也對行銷產品的方式具有關鍵的影響。

范智明（1999）採用「台北市運動健身俱樂部會員消費者行為調查問卷」，選取 201 位台北市運動健身俱樂部會員參與問卷調查，以了解台北市運動健身俱樂部會員之消費者行為，並以描述性統計（次數分配百分比、平均數、標準差）、卡方檢定、單因子變異數分析及雪費法等統計方法，進行資料分析。會員中以男性、年紀界於 21－40 歲、學歷大學以上、職業商業、收入在 50,000 元以下居多。選擇俱樂部最主要考量因素是「離家近」，主要資訊來源來自「親友同事（學）」，加入會員時間以「6 個月以下」居多，每週活動次數多在「2－3 次」，每次以「2 小時」居多，多數沒有在其他俱樂部的使用經驗。主要休閒動機為「身心健康需求」及「成就需求」；較滿意的服務項目有「所處的地區」、「服務人員的服務態度」、「服務人員的專業能力」、「開放時段」和「服務人員的服裝儀容」。不同人口統計變項之會員在參與行為及顧客滿意度上有顯著差異，不同參與行為之會員在休閒動機及顧客滿意度上有顯著差異。

人類自有商業行為開始，「包裝」的概念就存在商品的運送與儲存行為中，尤以今日的商業往來高度密集及頻繁，產品的包裝在消費過程中就益發顯得重要。從過去可口可樂的曲線瓶身的包裝行銷，造成可口可樂公司有著良好的業績及收益，因此產品包裝的良窳常常具有決定銷售成效高低的重要因素。因此，柯森智（2000）在以包裝水為主要探討主題，針對水的包裝與消費行為關聯性進行研究，以期了解消費者對包裝水飲料的包裝設計之偏好程度，並從三個世代層面探討包裝設計的認知與消費行為間關聯性，是否因不同年齡層世代間存有生活型態上差異，而產生相異的認知與不同的消費偏好，研究中發現世代間及世代內的生活型態差異現象，的確會造成消費者的認知產生不同的影響，因此不同世代對產品的包裝型態有著不同的觀點與要求，也造成不同的消費刺激和購買行為；其中 Y 世代（15～19 歲）著重包裝型態的設計，而 X 世代（20～34 歲）則較易接受包裝的意識型態認知刺激的銷售手法，另外，B 世代（35～49 歲）則可增加包裝型態上的性格認知刺激作為產品行銷方式。其中研究也提到，為了促使消費者購買的意願，研究者也建議飲用水的包裝設計應著重在機能方面加強，除了創意造型為設計重點，若能加強攜帶的便利性及標示飲用水的成分、礦物質與熱量的說明，可以從消費者心理感官層面促使消費者對產品的了解，及吸引消費者的認同。包裝飲用水的包裝行銷除了藉由世代間生活型態特質做為族群的區隔外，對各世代族群在購買包裝水的時候，也會特別針對不同消費族群進行包裝的因素評估，主要目的在於使產品更被消費者所認同，進而提高廠商的獲利。

隨著消費主義掛帥的時代來臨，消費者的消費意識已逐漸抬頭及形成影響力，楊昌澔（2002）認為企業社會責任（Corporate Social Responsibility，簡稱 CSR）對消費者行為有著正面的形象提昇及影響力，因而愈來愈多的企業願意支持社會責任的活動，如慈善活動、支援弱勢團體等，現今此種趨勢也受一般企業領導者的普遍認同，並成為各國及全球市場中熱絡的探討議題，楊昌澔從研究結果發現，企業的 CSR 活動與消費者對其公司形象及其產品的認同具有顯著的正向關係，換句話說，當消費者的 CSR 支持度高時，表示若企業對於推動 CRS 活動越熱中時，消費者越能認同企業的文化及願意承購其所銷售的產品，也因此 CSR 活動對企業的評價影響力較大；另一方面，因為實施 CSR 具有多項不確定性因素，比如實施的時間、實施的方法、及如果實施等，所以無法具體衡量對消費者的實際影響力，因此若要更加明確了解

CRS 的影響及效果，那麼企業首先要了解不同的顧客區隔如何對特定 CSR 活動予以回應，便有舉足輕重的重要性。

林凱明（2003）從企業品牌的角度看來，認為台灣的國內知名企業就算是國內市場佔有率高達百分之百，卻仍無法稱得上是國際級的知名企業，主要是台灣企業的品牌缺乏國際舞台的知名度，另外，缺乏推動品牌國際化的人才也是為另一種隱憂，然而，若能以大陸為主要發展地，面對亞洲廣大且充滿潛力的市場，將有助於台灣品牌全球知名度的建立；從大陸的角度看來，台商雖較外商享有文化同源、血脈同種的優勢，但是由於政經、教育及生活環境多有差異，以致消費者的行為表現呈現極大的不同，研究中以探討不同區域的消費者行為特性、台商行銷策略、及營運績效三者間是否有顯著關係，其研究結果發現若在電腦與食品消費方面，消費者的行為變數中如資訊來源、資訊蒐集、對廣告態度、產品評估信心、品牌不確定性及知覺風險等變數上有顯著差異。另一方面，研究結果顯示當消費者的資訊來源，主要以人際資訊（口碑效應）為主時，給零售商毛利較高者則其收益表現較好；反之，當消費者資訊來源以廣告資訊為主時，則售後服務水準較高、零售商毛利較低、及廣告費用較高者收益表現較佳；若消費者對於產品評估的能力較高時，則以促銷費用較高、價格水準較低、售後服務水準較低及品質水準較高者廠商業績較佳；消費者對於品牌忠誠度高時，廣告費用較低廉、價格水準較高價者績效較其他為優；當消費者知覺風險高時，價格較高及廣告費用較高者廠商績效較佳。經由研究結果分析後，建議台商的行銷策略應用應從幾個方面著手，如產品策略方面，需重視消費者在購買非便利品時的產品品質，為了降低消費者之知覺風險，非便利品製造商應比便利品製造商，更重視售後服務與產品保證。通路策略方面則應了解消費者的購買習性，另外，消費者在購買非便利品時的知覺風險較高，所以製造商更需要藉由零售商來遊說顧客，並降低零售通路之密度、或提高給零售商之零售毛利使零售商更樂於合作。另一方面，為了消弭消費者在購買非便利品時以價格來判斷產品的品質，定價策略應仔細決定產品所需採納高價或低價策略。至於促銷策略方面，由於消費者在購買非便利品時重視廣告資訊較高，因此建議多採用各種廣告媒體來傳送產品訊息，增進消費者對於購買非便利品的意願。

黃裕智（2003）受試者為 2000 年 3－4 月間 443 位造訪墾丁地區的遊客，使用問卷調查法以檢視遊客的社經地位與渡假生活型態對於旅遊消費行為的影響，再使用驗證性因素分析及 LISREL 進行驗證。遊客的社經地位愈高其住宿消費水準愈高，愈傾向將渡假生活型態視作高級享受，而不是社交聯誼，即使是週末出遊也不影響住宿消費水準。在旅遊頻率方面，家庭旅遊者對於旅遊頻率則有顯著的正向影響，社經地位、渡假生活型態同時皆會對旅遊消費行為產生影響。

劉根維（2003）探討生活型態、知覺風險與性別角色對於消費者行為造成何種影響。以人口比例大於 4.0%的縣市為調查區域，依據各縣市之人口比例決定各縣市之樣本數，從 2002 年 10 月 15 日至 2003 年 1 月 15 日，在調查縣市之主要車站，針對十八歲上之高中（職）、專科、大學、研究所以及從事各行業之消費者實施問卷調查，並將 435 份有效回收問卷運用因素分析、集群分析、區別分析、多變量分析、Scheffe 多重檢定與中位數分割法等統計方法進行驗證。不同生活型態及不同性別角色的消費者呈現不一樣的消費者行為；不同知覺風險的消費者在資訊搜尋與購買管道方面有顯著性差異；性別角色與不同生活型態的消費者在資訊搜尋上具有交互效果；此外性別角色與不同知覺風險的消費者在需求確認與資訊搜尋上則具有交互效果。本研究驗證生活型態、知覺風險與性別皆對於消費者行為有某種程度之影響。

王思凱（2004）探討台北市消費者決策型態之研究中，針對消費者購買行為，特別是消費者的購買決策型態的研究了解，對企業設定行銷策略時有舉足輕重的影響。研究消費者決策型態的方法又有不同學派主張不同的切入方法，譬如說消費者生活型態分析、消費者類別分析、和消費者特質分析。採用 Sproles 與 Kendall 提出的消費者型態題庫（Consumer Style Inventory）來研究消費者購物決策型態之異同。研究樣本來自於台北市三個不同購物中心。有效樣本數為 252 份。不同於之前的相關研究是之前的研究都是採用學生樣本，但是本研究有大部分樣本是來自已出社會的成人樣本。學生樣本的缺點是在經濟上、心理層面上，可能要推論到普通消費者行為上存在極大限制。此研究嘗試比較學生樣本以外的不同觀點與思考。經過因素分析後得出八個因素，分別是精品與流行意識、節省時間、完美主義者、品牌意識、被太多資訊混淆者、消費習慣者、價格敏感者、休閒意識者。利用以上八個因素，集群分析得到三個族群。分別是流行與品質意識者、傳統與實用主義者、被過多資訊混淆者。

蘇育代（2004）在行銷策略與消費者行為交互影響之研究－馬可夫鏈理論與數理模式建構之運用中，認為現今產業環境變化速度加劇，促使行銷策略、消費者態度與購買行為之改變，每每影響企業的行銷績效與獲利能力。因此，瞭解影響企業行銷策略的因素與強化調整能力顯得特別重要；相對地，若能以企業行銷策略影響消費者行為與購買意圖，將更能發揮企業行銷策略的調整能力。研究並以「馬可夫鏈」（Markov chain）理論的數理模式替代過去分析行銷效果的經驗歸納法則，探討消費者態度的改變對其購買行為的影響效果，為行銷活動刺激下的市場消費行為解構，並建構一套用以分析行銷策略與消費者行為交互影響的一般化動態決策模型，最後，經由產品行銷與選戰行銷二大議題之實證資料測試所建構模型的實用性與可行性。

廖振宏（2004）為了探討家庭生命週期與社經地位對家庭休閒消費行為之影響，以台中市之家庭為對象，進行問卷調查法並以描述性統計、交叉列聯分析、卡方檢定進行資料處理。娛樂、消遣性活動及體育性活動是台中市家庭最常參與的休閒活動類型，最常在假日及免費場所從事，休閒活動的消息來源以家人為主，隨著家庭成立時間增長，越傾向選擇娛樂、消遣性活動。家庭生命週期與社經地位不同而有不同的休閒支出，平均開銷是每次 501 元～1,000 元、每月 2,501 元～5,000 元，平均參與次數是每月 1～2 次，社經地位愈高和月收入愈多的家庭，消費支出和參與次數會隨著增加。然而，家庭生命週期與社經地位並不是影響休閒消費的主要因素，主要收入者的教育程度才是主要影響因素。

近年來消費型態廣受西方文化影響，國人生活型態逐漸改變，面臨景氣不佳，眾多民生產業皆有緊縮現象，然而屬於外來文化的咖啡店，其消費人口不減反增，反而因平價化咖啡店的興起而促進消費者的消費意願，詹雅婷（2004）在以台中市咖啡連鎖店之消費者行為現況進行探討中發現，雖然咖啡連鎖店雖具高度發展潛力，但若要開發市場潛力，則以瞭解消費者的行為特性為首要先決條件，研究結果顯示消費者多以具有未婚女性與學生族群的消費者特性、消費顛峰期具有特定時間區段（下午兩點過後）、消費習性多為口耳相傳為重要資訊取得管道，除此之外，不同型態的消費者在選擇咖啡連鎖店時，最重視的因素有咖啡店形象、服務品質、與店內環境等因素，由上述可得知，消費者在進行特定產品或服務的消費之際，會依消費族群生活型態、消費動機、消費物品（服務）的不同而有不同的消費需求，因此企業需依消費者的不同需求而有不同的產品考量，方能為企業謀求最大收益。

除了消費型態不斷受到西化的影響外，科技的發達也不斷刺激著消費型態的改變，尤其是科技的應用愈來愈多元化，也讓接觸及使用科技產品的人口也跟隨著大幅成長，在以探討影響電視購物的研究中（張慈凌，2006），揭露了有越來越多的現代人接受電視購物的消費型式，但多數電視購物的消費者的消費動機多屬於嘗鮮心態，因此透過街頭問卷及網路問卷方式進行資料蒐集，並由統計分析後發現，不僅消費者知覺風險會影響品牌權益，消費者的涉入程度亦會影響品牌權益，而造成消費者在購買行為上有所差異。消費者生活型態不斷的持續改變，此一現象從宅配市場與網路購物的興起可探知一二，電視頻道購物之產品除了較一般傳統零售商多元化外，加上電視台現場主持人實況促銷之播出，比起傳統通路商，的確較容易引起消費者的注意，並且也較容易受消費者的青睞，加上工作或交通因素的限制，購物型態越來越多樣化，如型錄郵購、網路購物，愈來愈多消費者選擇在家購物，一方面可以節省交通時間，另一方面可以省卻提貨的精力消耗。因此，蔡孟修（2005）利用問卷進行調查，分析東森電視購物消費者在購物前考量的重要程度與購物後滿意度之情況，並從產品品質、服務品質、產品價格與促銷推廣四個部份來進行探討與分析研究，研究結果顯示消費者在購物前的考量因素以服務品質為優先，在購物後對服務品質感到最滿意，其次為產品價格滿意。若從重視程度方面探討，雖然顧客非常重視的屬性，業者目前的績效水準亦佳，但業者目前的績效並未達到顧客期望的水準，所以業者應還有改善的進步空間，因此，即為該公司所需主要改善之目標。

鄭博文（2005）在廣告重複對消費者行為的影響中，利用變化廣告多次曝光的實驗方法，來檢測受測者能否在短時間內對於廣告重複的廣告產生比單次曝光更好的態度反應。在主要的實驗中我們運用一個虛擬品牌的數位相機的廣告發現即使運用兩種不同的廣告變化策略（也就是裝飾變化跟實質變化廣告），相較於單一曝光，並無法使得受測者有更有的廣告態度反應；當單一曝光廣告包含的資訊跟多次曝光廣告內容是差不多時。另外也發現在虛擬的品牌廣告的情境中，消費者對於品質的知覺會正向影響購買意圖，也會對於品牌情感或信任有影響。而且品牌情感、品牌信任也會正向影響購買意願，即使廣告態度差異很大時。

在以運動消費型態為主要討論對象的研究中，王之弘（1990）在職業棒球市場區隔化與消費者行為研究中指出，我國職棒於民國 79 年 3 月 27 日正式成立，成為國內第一個職業化的運動項目。觀眾人數的多寡關係著職棒的生存，因此，引進行銷觀念，掌握消費者行為的特性，將有助於職棒的發展。研究分為兩大部分：一為市場區隔分析，一為現場觀眾之消費行為分析。首先介紹我國職業棒球產業概況，然後再以「對職棒的態度」、「看職棒的意願」及「是否看過職棒」等變數做為區隔市場的基礎，最後以其他各項變數描述各區隔市場的特性，配合對現有消費者的消費行為了解以擬定對各區隔市場之行銷策略。至於現有消費者的分析，則分成兩方面進行探討：對於現場觀眾「觀賽位置」之分析，主要目的在描述消費者的特性以辨認影響其滿意程度的關鍵服務項目；而「學生與非學生觀眾」之分析，其目的在辨認不同消費頻率消費者之特性，以供擬定行銷策略時之參考。

梁伊傑（2001）以台北市大學生為研究對象，探討台北市大學生參與休閒運動現況、消費行為與生活型態之關係，結果發現台北市大學生實際參與休閒運動與較喜愛參與休閒運動排序大不相同；台北市大學生在「獲知休閒運動相關資訊來源」、「購買休閒運動周邊商品消息來源」、「選擇休閒運動參考對象」三項中，「朋友同學」選項皆高居第一位，顯示大學生周邊的同儕具有影響運動消費者消費的影響力，因此相關企業推行宣導時，可將此一特徵列為重要參考資料；另外，台北市大學生主要的休閒運動消費花費在購買裝備及器材方面較多，相對而言，休閒運動產業即可由行銷此一族群獲得運動用品的收益；台北市的大學生對於場地影響休閒運動選擇因素有「便利性」、「舒適度」、「安全性」、「器材設備與金錢」等因素的考量，對於收入能力較差的大學生而言，會因為「性別」、「學校類別」、「年級」、「每月可支配金錢」以及「是否打工」等項的差異，因而在生活型態類型上有顯著差異現象發生，因此不同生活型態之台北市大學生，有著不同的休閒運動消費行為，所以在相關行銷的方針擬定時，應考慮消費者族群的消費習慣與特徵，方能有良好的行銷效能。

章志昇（2001）為了瞭解目前台北地區高爾夫球場的消費者在人口統計變項、參與行為、購買決策及顧客滿意度上的特徵及差異情形，隨機選取 421 位曾在台北地區高爾夫球場消費之球友，進行「台北地區高爾夫球場消費者行為問卷調查」，並用描述統計（次數百分比、平均數、標準差）、因素分析、卡方檢定、單因子變異數分析及雪費法等方法分析資料。大多數的消費者為男性，年齡介於 41～50 歲之間，居住在台北縣市，從事生意，大專畢業，每月平均收入在 12 萬元以上。大部分球友平均每月擊球 1～2 次，通常是利用假日，球齡集中在 1～5 年，平均差點介於 10～17 點。不同人口統計變項之球友有不同的參與行為。不同人口統計變項和參與行為之球友對於購買決策因素有不同的看法，他們在購買決策因素中最重視「服務品質」，最不重視「環境資訊」。

不同人口統計變項和參與行為之球友對球場之滿意度也有差別，最滿意「球場品質維護」，最不滿意則是「周邊附屬設施」。

古德龍（2003）探討不同集群之羽球拍消費者的消費行為，以台北縣市 613 位羽球拍消費者為對象，使用「台北市（縣）羽球拍消費者購買行為問卷」收集資料，並以敘述統計、因素分析、獨立樣本 t 考驗、單因子變異數分析及卡方檢定進行資料處理。大多數的消費者打羽球的目的是為了運動健身，親友同學是最主要的資訊來源。選擇球拍時最考慮揮拍感覺、材質及重量，勝利牌（Victor）是大家最喜歡的品牌，花費大多界於 1,001－1,500 元，購買地點以體育用品社為主。在研究中把消費者之市場區隔成資訊型、經濟型、外觀型及服務型 4 種不同消費特性的集群。不同市場區隔的羽球拍消費者在年齡、婚姻狀況、職業、學歷及每月可支配所得上都有顯著差異，不過在球齡及性別上卻沒有不同。

林千裕（2003）針對桃園地區 578 名高中職學生，進行「高中學生運動鞋消費行為調查問卷」之問卷調查法，以瞭解桃園地區的高中職學生運動鞋消費行為之現況，再以描述統計、因素分析、集群分析及卡方檢定等統計方法分析所得資料。他們所穿著的運動鞋品牌以 Nike（41%）所佔的比率最高，其次是 Adidas（36.5%）以及 New balance。不同的性別、學校類別、零用金、家庭收入、運動鞋訊息來源、媒體接觸行為、購鞋參考對象與購鞋目的之高中學生之間維持不同的消費決策型態。不同消費情境下之高中學生也會有著不一樣的運動鞋訊息來源、媒體接觸行為與品牌忠誠度。

林哲生（2003）則針對大台北地區網球學員進行消費行為及對其消費族群特徵進行探討，並對消費者進行市場區隔，再進一步探討各市場區隔在人口變項及消費行為上之差異，研究結果得知大台北地區網球學員之組成結構以男性居多、年齡方面主要以 6－15 歲為主、大多數是未婚、教育程度與職業方面主要以大專學生為主、個人平均月收入為新台幣 2,0000 元以下；該研究將大台北地區網球學員利用集群分析，分成運動品味群、運動挑戰群、時髦創新群等三種不同消費特性的族群，問卷調查分析結果顯示不同市場區隔的網球學員在年齡、教育程度、職業及平均月收入之差異達顯著水準，而在婚姻狀況及性別上之差異沒有達顯著水準；不同市場區隔的網球學員在學球的動機、每期支付的學費、最滿意的課程因素、課程整體的滿意度、學費的預算之差異達顯著水準，反之，在資訊來源、課程考慮因素、地點考慮因素、教學課程、每星期上課時數及上課的地點之差異沒有達顯著水準，由上述的研究發現，對於大台北地區網球消費者的消費行為可一窺究竟，相關企業並能依據分析所得之消費者行為特徵，可進一步針對不同的市場區隔及消費族群，打造出不同的銷售策略。

楊書銘（2003）以台南市立羽球館休閒運動消費者為研究對象，以自編之「休閒運動消費者行為之研究問卷」進行問卷調查，發現台南市市立羽球館休閒運動消費者以「男性」居多且年齡主要落在「41～45 歲」、教育程度多為「大專」程度、職業以「軍公教」為主收入範圍在「30,001～50,000 元」、球齡約為「7～10 年」、每月打球次數平均有「6～8 次」、每次打球時間「1～2 小時」、住家距離以「15 分鐘內」者最多、其主要交通工具為「開車」，由上述研究結果可進一步推導，台南市市立羽球館休閒運動消費者的參與動機及體驗程度以「休閒娛樂」最高、滿意度則以「軟硬體設備」最高、需求之重要程度則以「軟硬體設備」最高；不同人口統計變項對於羽球館的參與動機、體驗程度、滿意度與需求之程度上皆有顯著差異，消費者的參與動機與體驗程度亦有顯著的差異。

鄭宗益（2004）以輔仁大學為例，依據生活型態將學生區分為四種族群，分層比例抽樣 387 名輔大學生做問卷調查，用以探討各市場區隔之基本特性與對國內職棒之消費行為。受訪者中進場看球機率較高的特色是男性、從事棒壘相關運動、本身是職棒球迷、喜歡球場氣氛與運動構面為觀賞動機者。兄弟象還是最受輔大學生支持的隊伍，興農牛有後來居上的態勢，誠泰、兄弟與 La new 三隊在廣告效果部份皆優於其他三隊。此外，不同區隔群持有不同的職棒觀賞動機，「自我封閉群」是因為閒來無事，「社交參與群」喜歡球場氣氛，「運動熱衷群」為了觀賞自己喜歡球員與球隊比賽，「追求流行群」的動機則是閒來無事與陪別人看球。

林恩霈（2004）以台北市撞球運動消費者生活型態、個人價值觀與消費者行為的關係進行探討，研究結果得知人口統計變項中僅有「教育程度」對台北市撞球運動消費者的生活型態有顯著影響，其他皆未達顯著水準；另一方面，人口統計變項中僅有「職業」對台北市撞球運動消費者的個人價值觀有顯著影響，撞球運動消費者的生活型態對「交通時間」、「消費頻率」、「消費金額」與「推薦他人再購意願」等 4 項消費者行為有顯著影響效果，北市撞球運動消費者個人價值觀對消費者行為有顯著影響；而顏志宏（2005）則以高雄市 71 間撞球場館中進行撞球消費的民眾為研究對象，探討高雄市撞球運動消費者生活型態以及購買決策，相關研究結果發現高雄市撞球運動消費者生活型態，由「媒體資訊」、「多采多姿」、「家庭取向」、「金錢取向」四個構面所組合而成。在購買決策中，購買需求最重視「為了放鬆心情紓解壓力」及「為了培養運動興趣」；在訊息來源中，撞球運動消費者最重視「過去消費經驗」與「口碑」，顯示透過人際關係的傳達可以影響民眾消費的意願；在消費地點類型中，高雄市撞球運動消費者最常在「單一式球場」消費，對於具有複合式經營模式的球場，並無較高的消費慾望；在評估準則中，消費者在撞球運動購買需求重視「空氣的品質」、「環境的整潔衛生」、及「服務人員態度良好」；在消費後滿意的程度中，以「消費地點的交通便利性」及「服務人員態度良好」為首要考量；人口統計變項對於撞球運動消費者，在生活型態上有顯著差異，由此可以推知高雄市撞球運動消費者生活型態與購買決策之間有相關存在。

康來誠（2005）以台灣北部地區馬術運動消費者生活型態與消費者行為關係進行探討，主要以針對不同人口統計變項之馬術運動消費者的生活型態及消費者行為進行比較，經馬場實施問卷調查後，其研究結果顯示，不同人口統計變項之馬術運動消費者的生活型態，除了性別變項無顯著差異外，其餘人口統計變項皆達到顯著差異水準；不同人口統計變項及不同生活型態之馬術運動消費者的消費者行為亦達顯著差異，依上述研究結論可得知，台灣北部地區馬術運動消費者之人口統計變項對於馬術運動消費有顯著的影響，因此對於日後推動馬術運動可依其人口特性進行宣導，藉以收到顯著的推廣成效，另外消費者生活型態對馬術運動消費者行為的影響，亦是日後馬術運動場業者日後制定推廣策略的重要參考依據。

黃恆祥（2005）為瞭解運動休閒從業人員在運動休閒健身俱樂部消費行為之因素、相關與差異，便利抽樣法選取有效樣本 874 份，人口統計變項當中以女性、主題性俱樂部、30 歲（含）以下、大專院校、個人月收入 30,000 元（含）以下、休假時段以不定期排班輪休、未婚、工作地區以北部（台北、桃、竹、苗）與南部（台南、高、屏）的從業人員所佔比例較多。因素分析之因子分別為「促銷」、「價格」、「服務品質」、「搜尋」、「產品評估」與「社會文化」，相關分析顯示所有的因素都與其他因素呈現出正相關。運動休閒從業人員運動休閒健身俱樂部消費行為差異分析顯示男性運動休閒從業人員比較同意在價格此方面的支出部分，運動休閒從業人員運動休閒健身俱樂部消費行為之多變量分析顯示在類別、年齡、教育程度、個人月收入、休假時段、婚姻狀況、工作地區之交互作用分析大多達顯著水準。

陳永宜（2005）在超級籃球聯賽消費者行為之研究中討論，超級籃球聯賽 SBL 現場觀眾參與動機、參與滿意度與行為意向之間的關係。研究以問卷進行調查，於 2005 年 4 月間抽取。其研究結果如下：

（一）參與觀眾中，以「女性」佔多數、年齡方面分佈在「16－25 歲」者，較為廣泛、「學生」是主要的觀眾族群、「大專」是教育程度中參與率最高的觀眾群、「未婚」的觀眾參與比例較高、收入在「3,000 元以下」的參與者，是球賽主要的消費者、支持的球隊以「台啤」為最多、多數有從事籃球運動的習慣、平均一週 1－2 次的比例最高、在參與觀眾中有習慣性觀賞美國 NBA 職業籃球比賽的人數較多、平均一週收看 NBA 次數在 1～2 次者佔比例最高、在觀眾中有看 SBL 轉播習慣的佔多數、平均一週收看 SBL 次數的以 1－2 次者比例最高、多數觀眾過去有觀賞 SBL 的經驗、平均一個月至現場觀賞 SBL 次數以 1－2 次的比例最高、觀眾多數未至現場觀賞職業棒球、有觀賞職業棒球經驗者以 1－2 次的比例最高、多數觀眾和朋友一起前來、購買的票價多數為 150 元。

（二）觀眾參與觀賞動機因素分析，認同程度最高前三項依序為「因為個人的興趣」、「受球賽的精彩刺激所吸引」及「喜歡球場營造的氣氛」。

（三）觀眾參與滿意度結果分析，最高前三項因素為依序為「比賽的精彩度」、「現場看球的氣氛」及「球員的表現」。

（四）參與觀賞動機之差異分析中，「性別」、「年齡」、「職業」、「教育程度」、「婚姻」、「每月收入」、「從事籃球運動習慣」、「一週從事籃球運動次數」、「是否觀賞 NBA 轉播」、「一週觀賞 NBA 的次數」、「是否觀賞 SBL 轉播」、「一週觀賞 SBL 的次數」、「是否至現場觀賞 SBL」、「一個月至現場觀賞 SBL 次數」及「購買的票價」對參與觀賞動機因素有顯著差異存在。

（五）參與滿意度之差異分析中，「年齡」、「職業」、「教育程度」、「每月收入」、「從事籃球運動習慣」、「一週從事籃球運動次數」、「是否觀賞 NBA 轉播」、「一週觀賞 NBA 的次數」、「是否觀賞 SBL 轉播」、「一週觀賞 SBL 的次數」、「是否至現場觀賞 SBL」、「一個月至現場觀賞 SBL 次數」及「購買的票價」對參與滿意度有顯著差異存在。

（六）觀眾之參與動機與滿意度之相關性分析中，有顯著相關存在。

（七）觀眾之行為意向與參與動機及滿意度呈正相關。

四、SBL 相關文獻

張家豪（2004）個案以中華民國 92 年超級籃球聯賽（SBL）為對象，其目的旨在探討觀眾參與觀賞動機、滿意度及其相關性研究。研究過程以現場實際參與觀賞球賽觀眾為對象，並在球賽結束同時進行問卷調查。總計 1,200 人為受試對象，有效樣本 1,038 份。根據實際調查所得之資料，分別以描述統計、t－考驗、單因子變異數分析與雪費檢定法（Scheffe）及簡單迴歸分析等統計方法進行分析。結果得到以下的結論：(一) 參與觀眾中，以『男性』佔多數、年齡方面分佈在『21－30 歲』者，較為廣泛、『學生』是主要的觀眾族群、『大專』是教育程度中參與率最高的觀眾群、『未婚』的觀眾參與比例較高、收入在『15,000 元以下』的參與者，是球賽主要的消費者、在參與觀眾中有習慣性觀賞美國 NBA 職業籃球比賽的人數較多、平均一週收看 NBA 次數在 1～2 次者佔比例最高、另外有習慣從事籃球運動的觀眾亦佔多數、平均一週從事籃球運動約為 1～2 次者佔比例最高、至於過去是否曾有經驗到現場觀賞籃球比賽者則佔多數；(二) 觀眾參與觀賞動機因素分析，認同程度最高前二項依序為『我觀賞本籃球賽符合個人興趣』及『我觀賞本籃球賽可豐富個人休閒生活』；(三) 觀眾參與滿意度結果分析，最高前二項因素為依序為『比賽過程整體的精彩度』及『出賽球員的球技表現』；(四) 參與觀賞動機之差異分析中，『年齡』、『職業』、『教育程度』、『每月收入』、『觀賞 NBA 習慣』、『一週觀賞 NBA 次數』、『從事籃球運動習慣』、『一週從事籃球運動次數』及『過去是否曾現場看過籃球賽』對參與觀賞動機因素有顯著差異存在；(五) 參與滿意度之差異分析中，『性別』、『年齡』、『職業』、『教育程度』、『婚姻狀況』、『每月收入』、『觀賞 NBA 習慣』、『一週觀賞 NBA 次數』、『從事籃球運動習慣』、『一週從事籃球運動次數』、『過去是否曾現場看過籃球賽』對參與滿意度有顯著差異存在；(六) 觀眾之參與動機與滿意度之相關性分析中，有顯著相關存在。

汪立中 (2004) 以 SBL 超級籃球聯賽為研究主題，從消費者觀點出發，來探討企業贊助運動賽事之效益；並輔以人口統計變數及消費者生活型態變數來進行分析，希望能在籃球景氣復甦之餘，提供企業一個擬訂行銷策略與計劃的參考方向。研究之抽樣，於 SBL 比賽場地（臺北市立體育學院體育館）進行問卷調查，並且運用判斷抽樣方法，在不同時段中，針對球場內觀賞球賽的球迷進行問卷調查。研究結果顯示，以消費者觀點而言，消費者對籃球運動的態度、對贊助企業的態度、對贊助企業目標的認知及贊助企業與運動賽事形象適合度對贊助效益皆有顯著的影響；而消費者對球隊的評價對贊助效益僅有部份影響。綜合研究發現與結論，對企業贊助 SBL 賽事有幾點建議，(一) 企業進行贊助時，應鎖定 30 歲以下之學生族群；(二) 企業形象與 SBL 賽事形象要能相互契合；(三) 應讓從事服務業與製造業的觀眾，多進場觀賞球賽；(四) 對於熱愛籃球運動的消費者，可重點式的加以宣傳與行銷；(五) 贊助廠商或賽事單位可針對女性消費族群加以深耕經營。

王敦韋（2004）在第二屆超級籃球聯賽（SBL）贊助效益研究中指出，近來贊助已經成為企業最熱門的行銷工具之一，許多企業紛紛地投入大筆的的金錢對一些運動賽事進行贊助，目的就是希望能夠藉由贊助來提升品牌知名度並強化或改變品牌形象。而贊助在行銷組合上的地位日漸重要，影響贊助效益的因素包括態度、涉入及認同感，在過去的文獻也有許多實證支持。研究嘗試整合相關影響因素（廣告態度、球迷涉入及球隊認同感），來探討個別因素對贊助效益的影響，並討論各因素間之交互作用及其影響贊助效益強弱程度。研究以第二屆超級籃球聯賽為例，透過網路問卷對消費者進行調查。經資料分析結果顯示：廣告態度、球迷涉入及球隊認同感都會對贊助效益產生顯著的影響。另外，球迷涉入及球隊認同感會透過廣告態度來影響贊助效益，且有正向顯著關係。意即球迷對贊助事件的涉入或對支持球隊的認同感愈高，對贊助廣告的態度也會愈正面，進而放大贊助效益。在個人背景對贊助效益差異性分析中發現，對贊助廠商有較正面的看法，集中在女性、年輕、學生、有特定支持球隊等，顯示青少年相較於年長者較能認同高度衝撞、刺激的籃球運動，以滿足年輕追尋刺激的感受或因喜愛模仿崇拜偶像的心理。並建議未來贊助廠商應重視贊助廣告內容的表現方式與針對高涉入、高認同感群進行贊助廣告策略規劃。在選擇贊助對象部份，可考慮對個人形象強烈的球星或球隊進行贊助，間接提升球迷對贊助廠商的注意力，進而提升對贊助廠商的好感及購買意願。

楊玉明（2005）以第一屆超級籃球聯賽到場觀賞之觀眾為研究對象，主要目的為了解超級籃球聯賽現場觀眾之生活型態、參與動機與參與行為差異情形及相關分析；採便利抽樣的方式，共發出 350 份問卷，回收有效問卷 277 份，經因素分析、集群分析針對觀眾之參與動機加以分群，並比較消費者生活型態、參與動機各項構面上的差異。以 T 檢定、卡方檢定探討觀眾參與動機與參與行為的關係、及探討不同背景變項與參與動機、參與行為是否有顯著差異，最後探討現場觀眾生活型態及參與動機之相關分析。研究結果發現（一）不同生活型態在性別及教育程度上達顯著差異；（二）不同參與動機在性別上達顯著差異（p<.05）；（三）不同參與行為在

不同背景變項上均未達顯著差異；(四)現場觀眾之生活型態各因素與參與動機具有顯著相關。

陳忠誠(2005)以 Ajzen(1985)計畫行為理論(The Theory of Planned Behavior)為架構，整合參與運動觀賞動機相關之研究，建構「大學生參與現場觀賞 SBL 超級籃球聯賽行為意圖模式」，並探討影響大學生參與現場觀賞 SBL 超級籃球聯賽行為的因素。本研究利用結構方程式模型(Structural Equation Modeling)對所提出之模式，進行適合度之考驗與分析。以文化大學學生為研究對象，使用自編「大學生參與現場觀賞 SBL 超級籃球聯賽行為調查量表」為研究工具，進行問卷調查。共計回收 373 份有效問卷，所得結果歸納如下：(一)研究者提出之模式應用在大學生參與現場觀賞 SBL 超級籃球聯賽行為意圖時，整體適配度良好(χ^2／df＝4.714；AGFI＝0.99；GFI＝0.99；CFI＝0.99；SRMR＝0.048；RMSEA＝0.096)；(二)大學生參與現場觀賞 SBL 超級籃球聯賽的「態度」(β＝0.23)、「主觀規範」(β＝0.06)與「知覺行為控制」(β＝0.67)對「行為意圖」具有顯著正面影響，且解釋變異量達 81%。亦即態度、主觀規範、知覺行為控制越正向，參與現場觀賞 SBL 超級籃球聯賽的行為意圖也越強；(三)「知覺行為控制」中的自我效能及便利狀態具有強烈的重要影響力；「態度」中的情感性信念及工具性信念亦為重要的影響因素；「主觀規範」方面，主群體及次群體影響力顯著。從研究得知，主辦單位或相關經營者在推廣大學生參與現場觀賞 SBL 超級籃球聯賽時，針對學生搭配不同包裝的行銷套票組合，便利的購票系統資訊及賽程資訊公佈，加強現場比賽熱鬧的氣氛增加個人感覺上的滿足，並藉由主、次群體對參與現場觀賞 SBL 超級籃球聯賽的正面鼓勵或支持為重點，以促使研究對象參與現場觀賞 SBL 超級籃球聯賽行為的產生。

蔡翔証（2005）為瞭解研究對象之背景與未消費行為導因及其間是否有差異。人口統計變項包含性別等八項，生活型態參考 Plummer 提出之 AIO 量表來衡量消費者在生活上支配行為及金錢的方式，未消費行為導因參考 Gould 等專家學者的研究概念再以 Mowen 的消費行為導因分類分成個人特徵、情境和產品特性三大未消費導因。對沒有到現場觀賞過超級籃球聯賽的潛在顧客發放問卷且回收有效問卷共 424 份，以回收結果進行研究對象的樣本描述、生活型態、未消費行為導因、及人口統計變項與生活型態及未消費行為導因間的差異，生活型態與未消費行為導因間的關係。結果分析討論後作出研究結論如下：(一)研究調查之潛在顧客大多數為男性，20－29 歲，教育程度為大學，職業為學生，未婚，約六成的樣本的收入為 30,000 元以下，每星期運動頻率為 1－2 次，經常觀賞超級籃球聯賽電視轉播；(二) SBL 現場觀賞潛在顧客生活型態因素構面為，「時尚社交」、「運動成就」、「知識渡假」、「正常生活」，而集群以「積極成長群」與「運動社交群」最多；(三) SBL 現場觀賞潛在顧客的未消費行為導因因素構面為，「阻礙介入」、「簡單生活」、「不滿意」、「資訊不足」、「心情不佳」、「不流行」、「無需求」、「娛樂效果不足」、「休閒效益不佳」，大部分的潛在顧客認為三種未消費行為導因（個人特徵導因、情境導因、和產品特性導因）都影響他們不去現場看球，潛在顧客可依他們未消費行為三大導因的程度分成隱性與顯性不消費集群；（四）不同人口統計變數的超級籃球聯賽現場觀賞潛在顧客的生活型態有顯著差異；（五）不同人口統計變數的超級籃球聯賽現場觀賞潛在顧客的未消費行為導因有顯著差異；（六）超級籃球聯賽現場觀賞潛在顧客的生活型態的與未消費行為導因有顯著相關。

陳冠全（2005）為探討體驗行銷之知識領域，以體驗行銷之策略體驗模組為自變項，顧客忠誠度與顧客滿意度為應變項，探討體驗行銷與顧客忠誠度與顧客滿意度之關係。針對有到場或無到場觀看經驗之 SBL 參與者，以網路問卷調查之（便利抽樣）。於 BBS 上籃球版招募自願受訪者，共計回收 326 份，有效問卷為 317 份，有效問卷回收率為 97.54%。資料分析採用 Cronbach's α 信度分析、描述性分析、相關性分析、單因子變異數分析以及複迴歸分析來驗證假設。研究結果顯示：策略體驗模組各構面對於顧客忠誠度與顧客滿意度成正向顯著相關。情感與關連體驗對於顧客忠誠度有正向影響。感官、思考與行動體驗對於顧客滿意度有正向影響。

綜合上述，運動產業範圍的擴大以及運動種類的增多，民眾多已意識到運動產業的存在，並感受到其正在逐漸壯大中。運動產業帶來龐大商機，使各個企業趨之若鶩，運動行銷對企業品牌與知名度有一定的影響與效益。國際知名品牌如：可口可樂，現今依然情有獨鍾地採用運動贊助的行銷策略，也不留餘力尋找與消費者間的橋樑，並建立長久的夥伴關係，那種與消費者融為一體的親和力，便是可樂巨人處心積慮想要成為運動贊助商的原因。再者，運動已是現代人生活型態中不可或缺的重要部份，具有高度的媒體曝光率；運動的娛樂效果、國際化、科技運用及球迷忠誠度等特色亦是最能實現企業行銷目標的最好手段。

第六節　小結

綜觀人類史上的大事，有什麼可以牽動國家經濟興衰、世界股市漲跌；可以匯集全球百億雙眼球及媒體的目光焦點；可以讓各類商品大賣，甚至於激發民族意識，除了「運動」，沒有其他更好的答案。現今全球化的趨勢，使不同國家、國情的人得以接觸自己國家內見識不到的運動（Wagner, 1990）。舉例來說，全球有超過億萬人口參與同一個運動項目（如棒球、足球、籃球），觀賞相同的運動節目（如世足盃、超級盃、奧運會），運動已不再局限於運動場上，而是你我生活的一部分，再加上現代人工作時間的縮短、受教育程度的提高、個人收入的增加、退休年齡的降低以及壽命的延長等因素；使得人們有愈來愈多的休閒時間，各國政府當下無不積極舉辦運動賽事、活動，推展運動人口倍增計畫，除鼓勵民眾參加外，亦激勵民眾從事運動觀賞。

其實若能將觀賞運動競賽轉變為生活中的重要活動，並藉此逐步厚實民眾參與運動成為生活習慣的一部分，必能使全民共享健康、快樂的優質人生；此舉可使民眾從認識運動、了解運動，逐漸地去觀賞運動，進而推廣到願意去從事運動。如此一來，不久的將來，民眾亦會自發性的喜愛運動，並聯繫三五同好組成團體參與或觀賞共同喜歡的運動，漸漸這將形成社會上一股不可抵檔的運動風氣，也是另一個面向的運動人口提昇，民眾自然有更健康之生活。

當然運動除了增進國人健康之外，尚能帶來周邊龐大商機。舉凡吸引著無數企業投入龐大資金逐鹿於奧運會、世足賽、職業運動等大小競技場上；國際間運動場上的各式企業活動百家爭鳴盛況空前，使得全球贊助規模形成了跨世紀百億美元的新興龐大產業等。企業界與各級運動組織均深深感染上這股來勢洶洶的新行銷風潮，各種運動行銷活動在世界各地全面擴張蔓延，可說運動行銷的時代已經正式來臨。

所謂運動行銷是屬於非商業性的投資，和傳統的行銷活動相比，運動行銷是在特定的場地、針對目標族群、進行一段期間的聚焦行銷，這種處處採取置入式行銷的操作方式，花費的預算不大，但卻往往可以帶動相當驚人的效果。其實真正的運動行銷是一種最自然地置入性行銷，絕對不是只有在賽場上佔據一塊廣告看板。企業可以發揮的空間很大，以足球賽為例，從場上的足球、賽場周圍看板到選手身上球衣、球鞋等都可以有技巧地露出，甚至比賽中場休息，還可以跟現場球迷進行互動，都可以把企業品牌帶入，達到與球迷黏性更高、更聚焦的效果。而國際性的比賽，雖然限制嚴格，但同樣的行銷策略一樣受用。贊助廠商常以更有創意的方式，達到行銷的目的，例如：贊助廠商把名稱大大地印在毛巾上，提供運動員擦汗，巧妙地露出商標，或是在場外製作關於賽事的歷史看板，代替互動式加油，效果常出乎意料的好。通常運動行銷會經歷兩個階段：第一個階段是做形象，慢慢建立企業與運動的關係，像是國內手機廠商對於高中籃球賽興趣高昂，因為這是讓廠商直接走入封閉的高中校園最好的宣傳機會；很多大型銀行持續贊助常態性的棒球賽，同時提供信用卡、網路購票等優惠活動，順勢把服務帶進比賽，漸漸地就能從做形象走向另闢獲利管道。第二個階段是有效的與媒體互動，如果要將有效的運動行銷效益發揮到最大，那與媒體互動是不可少的。因為光靠現場接觸的民眾宣傳，其效果畢竟有限，透過媒體才能真正把影響廣大地散播出去。最近國內電視、寬頻網路媒體在這方面也愈來愈積極，像是入主 SBL 兩支球隊球團的媒體集團，緯來與東森電視；而中華電信為了取得各種賽事的網路或 MOD 的轉播權，也開始重視運動行銷，更加顯示運動行銷具有如此誘人吸引力，讓各大集團爭相投入。

行銷的目的，即然在透過雙方（企業與消費者）的交換，來滿足消費者的需求及目標。而為達到雙方彼此有效的溝通，企業常利用廣告當作雙方的橋樑。Williams Leiss（轉引任國勇，1996）指出廣告是一種特權論述形式，使得人們的生活及價值觀都與消費產生關係，並且認為廣告的角色在傳遞及創造文化意義。而廣告究竟能帶來多大商機呢？以電視媒體互相競爭轉播國際知名運動賽事，如：奧運、NBA、四大網球賽、超級盃、世界盃足球賽等等來看，其中所帶來的廣告商機，難以估計。

從上述中可發現，運動競賽與媒體之間存在著密切相互影響的關係。此外，在媒體對運動競賽的影響方面，透過媒體，尤其是電視的實況轉播，可將比賽的實況直接傳遞給觀賞者，再則透過各種鏡頭與高科技的影像，觀賞者可在轉播媒體以慢動作、不同的角度畫面，欣賞到比賽中各種精彩的鏡頭，最重要的是讓觀眾達到休閒娛樂的目的。透過媒體的實況轉播，也對運動競賽本身提出更高的要求，就是如何使比賽更加的激烈和精彩，增加比賽的刺激性與可看性，從而吸引更多的觀眾觀賞運動競賽。而透過媒體的轉播權利金，也可為運動組織、球隊帶來額外收入。所以運動競賽與企業間可說是一種互利互助的關係。回首前幾年，緯來電視台花下大筆資金標下中華職棒的轉播權，可說是創國內運動轉播權利金的天價，也給中華職棒聯盟各球團帶來更充裕經費運用，此即為最好例子。

展望未來，運動與企業將是全球經濟發展國家中各企業的共同趨勢，隨著各國運動人口不斷成長，運動周邊商機將有大幅成長的空間。以 SBL 為例，邁入第三屆的 SBL，雖然處剛起步階段，但企業贊助每年均以成長之姿前進。前有「甲組聯賽」與「中華職籃」等舉辦經驗，參與之企業種類更是繁多，並且具有相關周邊產業深厚基礎、成熟技術等發展優勢，若是能配合時下流行文化，開創出符合屬於自己的 SBL 風格；並配合廣告、平面媒體及社會教育等，定能再開創我國籃球盛行之風氣。

第參章　研究方法

本章主要說明研究樣本的選取、研究工具、研究進行程序以及資料處理分析的方法。全章將根據研究目的而進行研究，並擬定研究設計與實施，共分以下六節：第一節研究架構，根據相關研究與本研究目的提出研究架構，；第二節為量表發展與信校度分析，敘述研究量表設計的內容、過程與方法；分析本研究量表之效度與信度；第三節為 SBL 廣告效益與消費行為假設模式之建構；第四節為結構方程式模式變數之說明；第五節為研究對象與抽樣方法，說明研究對象的選取及抽樣的方法；第六節為資料收集與分析方式，說明本研究的量表施測方法與時間，與量表回收的情形，蒐集樣本資料並確認資料分析的方法後，進行資料處理。茲分別敘述如後：

第一節　研究架構

依據廣告效益與消費行為等相關理論，建立本研究的研究架構，研究架構如圖 3-1 所示：

一、本研究依據相關理論與文獻分析，提出模式建構之理論，設計研究量表。

二、量表進行預試，所得資料運用探索性因素分析，依據分析結果進行量表修正，以分析尋找模式結構。

三、提出 SBL 廣告效益與消費行為假設模式，並將 SBL 現場觀賞的消費者列為研究對象。

四、以研究量表進行問卷調查，蒐集 SBL 現場觀賞於比賽現場當中，對於 SBL 廣告效益與消費行為之資料，進行結構模式建構與方程模式之驗證。

五、進行模式線性關係與影響效果之分析。

六、探討是否還可以運用於其他相關運動之廣告效益與消費行為模式之運用。

七、建立 SBL 廣告效益與消費行為模式。

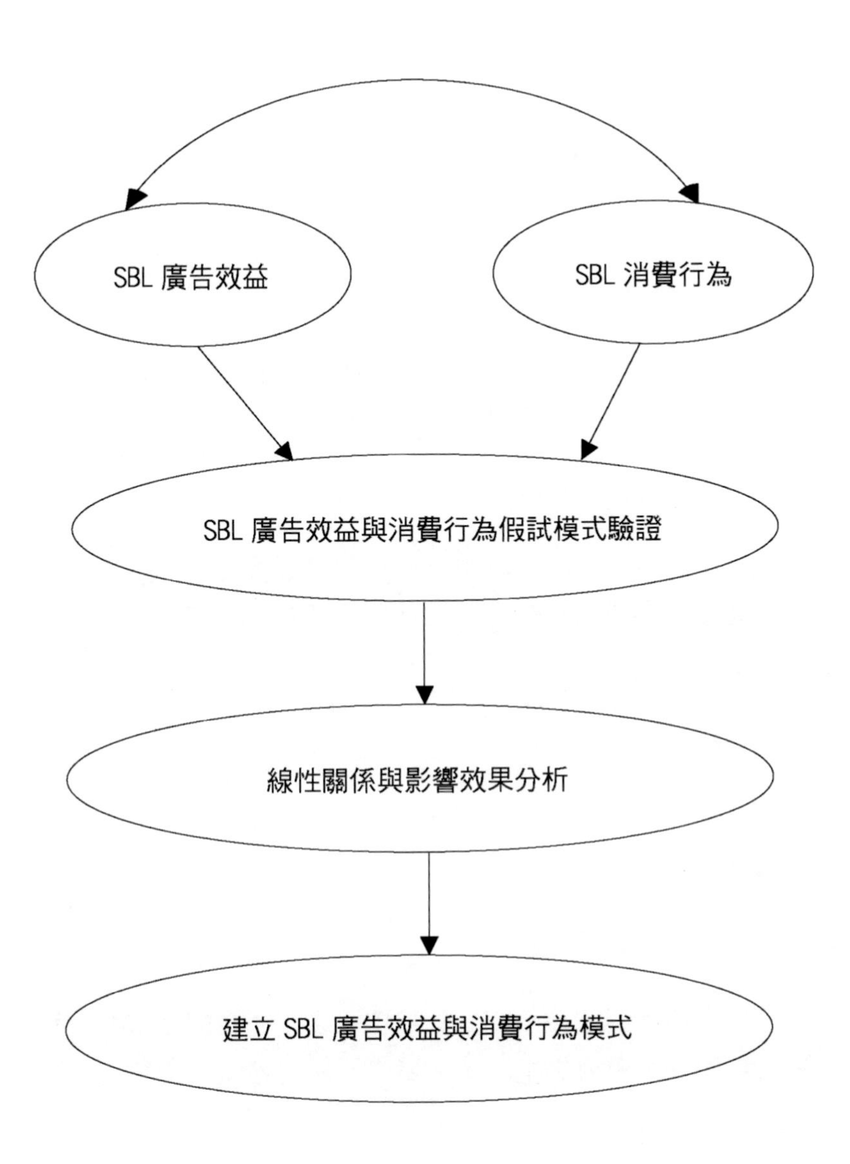
SBL 廣告效益
SBL 消費行為
SBL 廣告效益與消費行為假試模式驗證
線性關係與影響效果分析
建立 SBL 廣告效益與消費行為模式

圖 3-1　研究架構

第二節　量表發展與信效度分析

一、量表研擬過程

本研究以「SBL 超級籃球聯賽廣告效益與消費行為量表」為研究工具，量表研擬過程包括五個階段：

（一）量表內涵初擬

根據理論基礎與文獻探討，決定所要蒐集的資訊、問卷的類型與問題的內容和形式，以進一步訂定量表架構及項目。

（二）完成量表初稿

經由與同儕間的討論，修改部分問題的內容及用語，並決定問題的先後順序及整個量表版面的佈局，完成量表的雛形。

（三）專家意見彙整

量表初稿擬定後，進一步請教專家學者對問卷內容做建議，希望經由專家的指正，使量表更能符合研究對象的實際情形。

（四）修訂量表

經專家學者建議後，針對所提意見修改量表內容，並針對量表內容進行預試前文字語意瞭解與修正。

（五）量表預試

量表初稿底定後，隨即進行量表的預試工作，藉以評估填答問卷所需時間，題目適切性、問題的清晰與難易度、前後順序與用語的適當性的，並根據量表預試結果予以修正。

二、量表內容

根據廣告文獻、消費行為及相關理論建構「SBL 超級籃球聯賽廣告效益與消費行為量表」，採用李克尺度（Likert Type Scale）五點量表，數字「5」表示「極同意」，數字「4」表示「同意」，數字「3」表示「普通」，數字「2」表示「不同意」，數字「1」表示「極不同意」。包含 40 個 SBL 廣告效益與消費行為結構封閉式答案勾選題，性別、婚姻、年齡、學歷與個人月收入等 5 題基本資料，以及 1 題 SBL 廣告與消費行為有關 SBL 廣告產品進行購買過或是消費使用的狀況，總共 46 題。

三、效度分析

效度分析在於判斷題項是否合乎測量之需求與用語，本研究以內容校度作為判斷之依據，量表參考朱佩忻（2003）、吳佩玲（2003）、林偉立（1999）、胡嘯宇（2006）、徐君毅（2001）、程紹同（2001）、蔡宗仁（1995）、楊朝旭（2002）之廣告與贊助效果相關知名度、查詢、比較與體驗效益之內容製作廣告效益方面之題項。參考林靈宏（1994）之消費者行為、余朝權（1996）之現代行銷管理、蔡鴻文（2001）之價格促銷頻率、價格、消費者行為、謝一睿（1996）運動參與頻率和消費行為、古德龍（2003）、黃恆祥（2005）、蘇懋坤（1999）與鍾志強（1992）之消費行為等相關內容製作消費行為方面之題項，並請專家學者評論，以符合研究主旨與內容效度。

本研究量表之內容效度（content validity）係請體育、管理等領域之專家對問卷提出意見，針對測量工具「內容的重要性」、「內容的適切性」、「文字的清晰度」逐項評分，進行內容效度處理。評定方式依據內容效度指標（content validity index, CVI）評量之（Waltz & Bausell, 1981）。每項題目使用四點評尺評量，1＝沒有相關，2＝如果沒有修正題目則無法評估其相關性，3＝有相關，但需小幅修正，4＝很有相關及敘述簡潔（Burns & Grove, 2001；Polit & Hungler, 1999））。量表的 CVI 是將五位專家對各題評定之分數為分子，分母為最高分 20 分，計算其比率，若是大於或等於.80 者則視為內容效度良好（Polit & Hungler, 1999）。

四、預試

本研究預試請SBL現場觀賞球賽之消費者就問卷的理解度和清楚度作評論，200 份問卷於 2005 年 12 月 11 與 12 月 17 日在比賽現場發放與回收，所得 182 份問卷用來確定問卷的信度。

五、項目分析

項目分析在於求出量表個別題項的決斷值（CR 值），將未達顯著水準的題項加以刪除或是進行修正。運用 SPSS 統計軟體計算量表總分，再找出高低分組上下 27%，進行分組之後以獨立樣本 t 檢定分析二組在各題項的差異，以了解題項是否適合調查研究之用。本研究量表 40 個題項經過項目分析之檢定，均達顯著水準，顯示所有題項合乎研究之用，請參閱表 3-1 廣告效益項目分析摘要表與表 3-2 消費行為項目分析摘要表。

表 3-1　廣告效益項目分析摘要表

題項	組別	平均數	標準差	t 值	顯著性
y1	高分組	3.98	.92	4.03*	.000
	低分組	3.10	1.21		
y2	高分組	2.73	.93	5.41*	.000
	低分組	2.67	1.01		
y3	高分組	3.73	1.00	6.18*	.000
	低分組	2.37	1.18		
y4	高分組	3.29	1.21	4.91*	.000
	低分組	2.20	.96		
y5	高分組	3.43	.96	4.96*	.000
	低分組	2.49	.92		
y6	高分組	3.78	.80	6.24*	.000
	低分組	2.67	.94		
y7	高分組	3.78	1.03	6.13*	.000
	低分組	2.47	1.08		
y8	高分組	3.35	1.41	4.20*	.000
	低分組	2.22	1.23		
y9	高分組	4.08	.57	6.09*	.000
	低分組	3.18	.86		
y10	高分組	3.42	1.02	4.40*	.000
	低分組	2.48	1.08		
y11	高分組	3.90	.90	5.67*	.000
	低分組	2.76	1.09		
y12	高分組	4.00	.82	6.60*	.000
	低分組	2.67	1.14		
y13	高分組	4.06	.66	6.67*	.000
	低分組	2.88	1.05		
y14	高分組	3.73	.93	8.56*	.000
	低分組	2.14	.89		
y15	高分組	3.73	.93	7.98*	.000
	低分組	2.22	.94		
y16	高分組	4.12	.90	4.02*	.000
	低分組	3.37	.95		
y17	高分組	3.94	.77	6.23*	.000
	低分組	2.88	.90		
y18	高分組	4.06	.83	5.36*	.000
	低分組	3.06	1.01		
y19	高分組	3.86	.89	6.27*	.000
	低分組	2.71	.91		
y20	高分組	3.33	1.26	4.46*	.000
	低分組	2.24	1.13		

*p<.05

表 3-2 消費行為項目分析摘要表

題項	組別	平均數	標準差	t 值	顯著性
y21	高分組	3.94	.85	3.99*	.000
	低分組	3.06	1.28		
y22	高分組	3.67	.85	4.66*	.000
	低分組	2.78	1.05		
y23	高分組	3.78	.74	4.32*	.000
	低分組	2.98	1.05		
y24	高分組	3.20	1.00	5.42*	.000
	低分組	2.16	.90		
y25	高分組	3.24	.83	4.02*	.000
	低分組	2.47	1.06		
y26	高分組	3.39	1.20	5.36*	.000
	低分組	2.02	1.31		
y27	高分組	3.43	1.02	4.41*	.000
	低分組	2.49	1.08		
y28	高分組	3.84	.87	5.07*	.000
	低分組	2.84	1.07		
y29	高分組	3.80	.84	6.33*	.000
	低分組	2.63	.97		
y30	高分組	3.94	.90	6.43*	.000
	低分組	2.73	.95		
y31	高分組	3.49	.98	3.75*	.000
	低分組	2.71	1.06		
y32	高分組	3.65	.93	7.11*	.000
	低分組	2.33	.92		
y33	高分組	4.06	.83	3.22*	.000
	低分組	3.47	.98		
y34	高分組	3.73	.91	4.48*	.000
	低分組	2.90	.94		
y35	高分組	3.73	.93	7.49*	.000
	低分組	2.35	.90		
y36	高分組	3.57	.94	6.43*	.000
	低分組	2.29	1.04		
y37	高分組	3.47	1.00	7.22*	.000
	低分組	2.16	.77		
y38	高分組	3.53	.98	7.61*	.000
	低分組	2.10	.87		
y39	高分組	3.35	1.05	4.18*	.000
	低分組	2.47	0.02		
y40	高分組	3.45	1.04	6.63*	.000
	低分組	2.08	1.01		

$^{*}p<.05$

六、信度分析

進行探索性因素分析之前，先進行 Kaiser-Meyer-Olkin 取樣適切性量數與 Bartlett 球形考驗，以了解是否適合進行因素分析。Kaiser-Meyer-Olkin 取樣適切性量數以大於.5 為標準，Bartlett 球形考驗則以顯著性小於.05，適合進行探索性因素分性。SBL 廣告效益與消費行為量表數值之 KMO 值分別為.89 與.87，Bartlett 球形考驗顯著性均小於.05，顯示適合進行探索性因素分性，請參閱表 3-3 SBL 廣告效益與消費行為 KMO 與 Bartlett 球形考驗摘要表。

表 3-3 SBL 廣告效益與消費行為 KMO 與 Bartlett 球形考驗摘要表

結構	項目	數值
	Kaiser-Meyer-Olkin 取樣適切性量數 Bartlett 球形	.89
廣告	檢定近似卡方分配	4352.32
效益	自由度	190
	顯著性	.000*
	Kaiser-Meyer-Olkin 取樣適切性量數 Bartlett 球形	.87
消費	檢定近似卡方分配	4532.65
行為	自由度	190
	顯著性	.000*

*p<.05

以探索性因素分析萃取構面，廣告效益構面分別為「知名度效益」、「查詢效益」、「比較效益」與「體驗效益」，特徵值大於 1，因素負荷量大於.4，各構面內部一致性係數 Cronbach's α 值均超過.82，整體內部一致性係數 Cronbach's α 值為.87，顯示具良好信度，請參閱表 3-4 SBL 廣告效益因素分析摘要表。消費行為構面分別為「產品評估」、「服務品質」、「促銷」與「價格」，特徵值大於 1，因素負荷量大於.4，各構面內部一致性係數 Cronbach' s α 值均超過.82，整體內部一致性係數 Cronbach's α 值為.88，顯示具良好信度，請參閱表 3-5SBL 消費行為因素分析摘要表。總共發展出 40 個題項，請參閱表 3-6SBL 廣告效益與消費行為量表題項發展表。

表 3-4　SBL 廣告效益因素分析摘要表

構面名稱		問項	因素負荷量	特徵值	變異量	累積變異量	內部一致性係數
知名度效益	2	在 SBL 知道該特定廣告的產品名稱	.84	3.29	16.46	16.46	.88
	1	親朋好友提到過心目中的產品名稱	.77				
	4	之前聽過該特定廣告的產品	.76				
	5	網路相關資訊也見過該特定廣告的產品	.75				
	3	在 SBL 看到該特定廣告的產品	.40				
查詢效益	8	會上網查詢特定產品的情況	.79	3.06	15.33	31.79	.85
	9	會詢問親朋好友有關特定廣告產品的價格	.78				
	7	會向親朋好友詢問是否用過該特定產品	.73				
	10	會詢問親朋好友有關特定	.66				

		廣告產品的品質					
	6	在 SBL 看到後也會注意其他相同特定廣告	.61				
體驗效益	19	會再度去體驗該特定廣告產品	.76	3.06	15.29	47.09	.82
	18	會去實際試用該特定廣告產品	.75				
	17	會去實際接觸該特定廣告產品	.74				
	16	會去實際觀看該特定廣告產品	.72				
	20	會對該特定廣告產品產生購買意願	.61				
比較效益	13	會與其他相關產品進行價格的比較	.80	3.02	15.12	62.21	.82
	11	會與其他相關產品進行耐用度的比較	.79				
	14	會與其他相關產品進行數量的比較	.74				
	12	會與其他相關產品進行可靠的比較	.68				
	15	會與其他相關產品進行品質的比較	.55				

表 3-5　SBL 消費行為因素分析摘要表

構面名稱		問項	因素負荷量	特徵值	變異量	累積變異量	內部一致性係數
價格	38	會因該特定廣告產品所需花費的金額不高而購買	.87	3.71	18.56	18.56	.89
	39	會因為個人經濟狀況許可	.85				

	原因而購買					
	37 購買特定廣告產品前會進行銷售方式的評估	.84				
	40 會因為付費方式（零利率等）而購買	.82				
	36 購買特定廣告產品前會進行訪價的評估	.71				
產品評估	22 購買特定廣告產品前會進行平面媒體資訊搜尋	.83	3.47	17.35	35.92	.86
	23 購買特定廣告產品前會進行電子媒體資料蒐集	.80				
	25 購買特定廣告產品前會進行試用評估	.76				
	21 購買特定廣告產品前會進行品牌知名度的評估	.75				
	24 購買特定廣告產品前會多方徵詢使用意見評估	.73				
服務品質	28 會因為服務品質優良而有意購買	.74	2.88	14.41	50.32	.83
	29 會因該特定廣告產品服務保證而有意購買	.69				
	26 會因為有實際參與相關工作的感受而有意購買	.68				
	30 會因為滿意提供的服務而有意購買	.65				
	27 會因該特定廣告產品生產之設備完善而有意購買	.63				
促銷	32 會因為促銷宣傳活動而有意購買	.72	2.59	12.98	63.31	.82
	34 會因額外附加價值（贈送相關產品等）而有意購買	.71				
	33 會因為優惠時段而有意購買	.70				

35	會因為聯合不同產業之共同促銷而有意購買	.67
31	會因為優惠價格而有意購買	.53

表 3-6　SBL 廣告效益與消費行為量表題項發展表

結構（外生潛在變數 ξi）	構面（內生潛在變數 ηi）	編號	發展題項（衡量變數 yi）
	知名度效益（η1）	y1	親朋好友提到過心目中的產品名稱
		y2	在 SBL 知道該特定廣告的產品名稱
		y3	在 SBL 看到該特定廣告的產品
		y4	之前聽過該特定廣告的產品
		y5	網路相關資訊也見過該特定廣告的產品
	查詢效益（η2）	y6	在 SBL 看到後也會注意其他相同特定廣告
		y7	會向親朋好友詢問是否用過該特定產品
		y8	會上網查詢特定產品的情況
		y9	會詢問親朋好友有關特定廣告產品的價格
廣告效益（ξ1）		y10	會詢問親朋好友有關特定廣告產品的品質
	比較效益（η3）	y11	會與其他相關產品進行耐用度的比較
		y12	會與其他相關產品進行可靠的比較
		y13	會與其他相關產品進行價格的比較
		y14	會與其他相關產品進行數量的比較
		y15	會與其他相關產品進行品質的比較
	體驗效益（η4）	y16	會去實際觀看該特定廣告產品
		y17	會去實際接觸該特定廣告產品
		y18	會去實際試用該特定廣告產品
		y19	會再度去體驗該特定廣告產品
		y20	會對該特定廣告產品產生購買意願

消費行為（ξ2）	產品評估（η5）	y21	購買特定廣告產品前會進行品牌知名度的評估
		y22	購買特定廣告產品前會進行平面媒體資訊搜尋
		y23	購買特定廣告產品前會進行電子媒體資料蒐集
		y24	購買特定廣告產品前會多方徵詢使用意見評估
		y25	購買特定廣告產品前會進行試用評估
	服務品質（η6）	y26	會因為有實際參與相關工作的感受而有意購買
		y27	會因該特定廣告產品生產之設備完善而有意購買
		y28	會因為服務品質優良而有意購買
		y29	會因該特定廣告產品服務保證而有意購買
		y30	會因為滿意提供的服務而有意購買
消費行為（ξ2）	促銷（η7）	y31	會因為優惠價格而有意購買
		y32	會因為促銷宣傳活動而有意購買
		y33	會因為優惠時段而有意購買
		y34	會因額外附加價值（贈送相關產品等）而有意購買
		y35	會因為聯合不同產業之共同促銷而有意購買
	價格（η8）	y36	購買特定廣告產品前會進行訪價的評估
		y37	購買特定廣告產品前會進行銷售方式的評估
		y38	會因該特定廣告產品所需花費的金額不高而
		y39	購買會因為個人經濟狀況許可原因而購買
		y40	會因為付費方式（零利率等）而購買

註：ξi 與 ηi 表示潛在變數，題項 yi 表示可觀察變數。

第三節　SBL 廣告效益與消費行為假設模式之建構

一、根據因素分析發展出的廣告效益之「知名度效益」、「查詢效益」、「比較效益」、「體驗效益」與消費行為之「產品評估」、「服務品質」、「促銷」與「價格」等 8 個構面因素與 40 個題項建構 SBL 廣告效益與消費行為假設模式，請參閱圖 3-2。

二、假設 SBL 廣告效益當中，廣告效益之「知名度效益」、「查詢效益」、「比較效益」、「體驗效益」與消費行為之「產品評估」、「服務品質」、「促銷」與「價格」之間具有顯著的線性關係存在。

三、假設廣告效益之「知名度效益」、「查詢效益」、「比較效益」、「體驗效益」與消費行為之「產品評估」、「服務品質」、「促銷」與「價格」之間具有影響效果存在。

第四節　結構方程模式變數之說明

一、模式變數可分為潛在變數（Latent variables）和可觀察變數（Observed variables）兩種類別，潛在變數是根據本研究所設定之研究架構中之變數及延伸出衡量構念，又分為外生潛在變數，例如：「廣告效益」

與「消費行為」;內生潛在變數例如:「知名度效益」、「查詢效益」、「比較效益」、「體驗效益」、「產品評估」、「服務品質」、「促銷」與「價格」等均屬於無法直接觀察的潛在構念。可觀察變數是可加以衡量的,例如:題項 y1－y40(呂謙,2005)。

二、結構模式路徑設定:因果關係設定如圖 3-2 假設結構模式圖所示,橢圓符號表示無法直接觀察的潛在變數,長方形符號則代表可衡量變數,箭號則代表影響方向。外生潛在變數符號以 ξ 表示,例如:「廣告效益」為 ξ1,「消費行為」是 ξ2,ξ1 與 ξ2 之路徑為 Φξ1ξ2。潛在變數符號以 η 表示,例如:「知名度效益」為 η1,「查詢效益」為 η2,「比較效益」為 η3,「體驗效益」為 η4,「產品評估」為 η5,「服務品質」為 η6,「促銷」為 η7,「價格」為 η8。衡量題項的誤差向量以 ε 表示,ε1 表示衡量題項 y1 對 η1 的衡量誤差向量,依序類推。內生潛在變數之殘差誤差向量之符號以 ζ 表示,ζ1 表示 η1 知名度效益之殘差誤差向量。潛在變數與可衡量變數之間的路徑係數為"λ",λ_i(i＝1…40)分別為 η1－η8 對可衡量變數題項 1(λ_1)－40(λ_{40})之路徑估計係數,外生潛在變數與內生潛在變數間的路徑係數"γ",γ_i(i＝1…8)分別為「知名度效益(γ_1)」、「查詢效益(γ_2)」、「比較效益(γ_3)」、「體驗效益(γ_4)」、「產品評估(γ_5)」、「服務品質(γ_6)」、「促銷(γ_7)」與「價格(γ_8)」

的路徑估計係數（江金山、呂謙，2006；呂謙，2005），請參閱表 3-1 與圖 3-2。

三、依據所設定結構模式，進行圖 3-2 假設結構模式適合度評估，以最大概似估計法（The maximum likelihood method, ML）進行模式參數推估分析，其優點是不易導致之後標準差估計的衍生問題（Kaplan, 2000）。表 4-3 顯示模式之配適度指標量表之建議數值與模式評估之數值，假設結構模式適合度評估指標說明如下（江金山、呂謙，2006；呂謙，2005；黃芳銘，2002；Kaplan, 2000）：

（一）絕對配適指標：

1、**卡方值**（$\chi2$）：愈小愈好，測驗統計量之 p 值應大於.05 為佳。假設結構模式配適度指數（Goodness-of-fit index, GFI）：參數值介於 0 到 1 之間，愈接近 1 表示適合度愈佳。

2、**殘差均方根**（Root mean square residual, RMR）**與平均近似誤差均方根**（Root mean square error of approximation, RMSEA）：RMR 為模式配適差異變量除以共變數的平均值之平方根，RMR 以相關矩陣計算，RMR 與 RMSEA 小於.05 時，模式配適度佳。

3、**相對配適指標**：規範適合指標（Normed fit index, NFI）、比較配合指標（Comparative fit index, CFI）與漸增配合指標（Incremental fit index, IFI）之參數值均是愈接近 1 表示適合度愈佳。

（二）簡效配適指標：

1、簡效基準配合指標（Parsimony-adjusted NFI, PNFI）與簡效比較配合指標（Parsimony-adjusted CFI, PCFI）參數值均是大於.5 為可接受之標準，愈接近 1 表示適合度愈佳。

2、Hoelter 的臨界數（Hoelter's critical N, CN）：臨界數值以大於或等於 200 為可接受之標準。

3、標準化卡方係數（Normed chi-square index, NCI）：卡方值除以自由度配適度指標 NCI 值小於 3，表示模式建構效度佳。

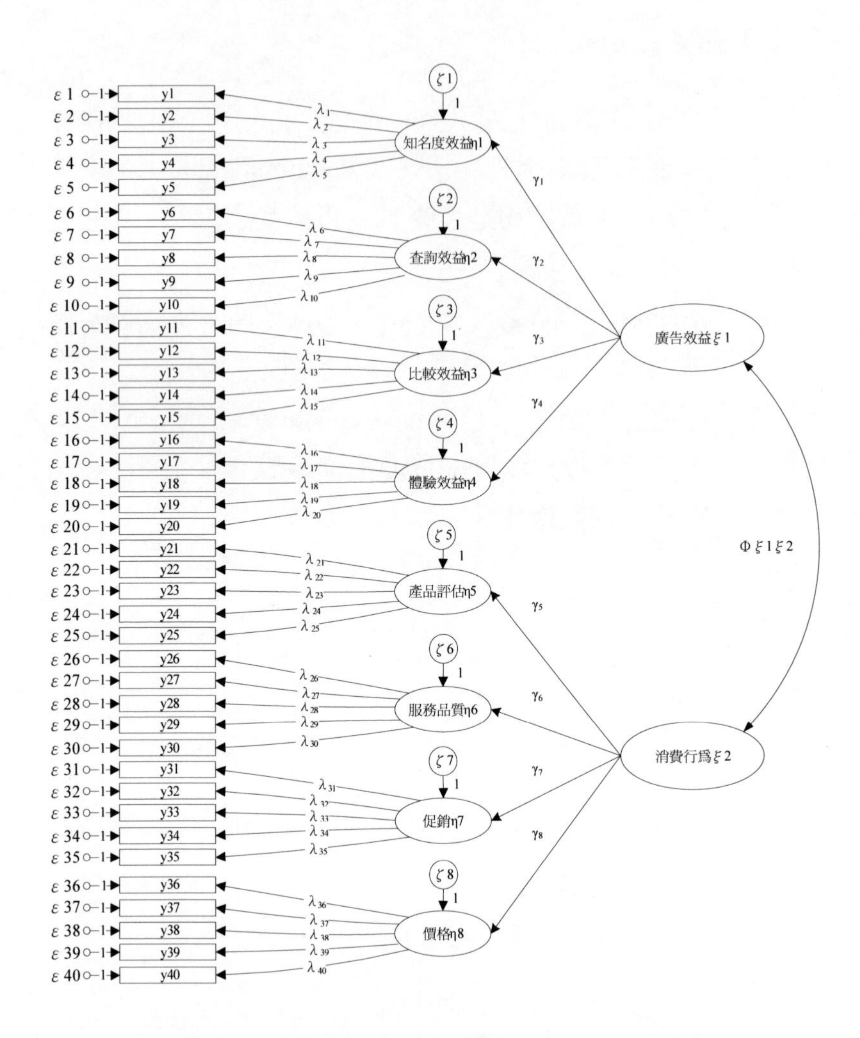

圖 3-2　SBL 廣告效益與消費行為假設模式圖

註：橢圓符號表示無法直接觀察的潛在變數，長方形符號則代表可衡量變數，箭號則代表影響方向。外生潛在變數符號以 ξ 表示，潛在變數符號以 η 表示，衡量題項的誤差向量以 ε 表示，內生潛在變數之殘差誤差向量之符號以 ζ 表示，潛在變數與可衡量變數之間的路徑係數為“λ”，外生潛在變數與內生潛在變數間的路徑係數“γ”。

第五節　研究對象與抽樣方法

一、研究對象：SBL 現場觀賞球賽之消費者為研究對象。

二、抽樣方法：以便利抽樣方式進行抽樣。

三、樣本數：參考相關模式實證性質之研究人數以 200－500 為佳（黃芳銘，2002），總共抽取 500 人。

第六節　資料收集與分析方式

一、問卷於 2006 年 1 月 1 日、1 月 6 日、1 月 7 日、1 月 8 日與 1 月 13 日總共 5 次比賽以現場各發放 100 份與回收方式，請 SBL 現場觀賞之消費者填寫問卷，共回收 500 份，其中 42 份沒有填寫完整而作廢，有效問卷為 458 份，有效問卷回收率是 91.6%。

二、有效問卷以軟體 Statistical Package for Social Sciences 10.0（SPSS）編碼。進行描述性統計分析、項目分析、探索性因素分析及相關分析。

三、以統計軟體「AMOS 4」進行結構方程模式（Structural equation modeling, SEM）配適度之驗證。

第肆章　結果與討論

本章共分為五節：第一節針以描述性統計分析人口統計變項；第二節針對 SBL 比賽現場所出現之廣告，以描述性統計分析現場觀賽者對於廣告產品進行購買過或是消費使用的狀況；第三節針對 SBL 廣告效益與消費行為假設模式驗證結果加以分析討論；第四節是模式線性關係之結果分析；第五節則是衡量模式影響效果之結果分析。

第一節　人口統計變項

一、性別：男性有 368 人，佔 80.3%，女性有 90 人，佔 19.7%，請參閱表 4-1。

二、婚姻：已婚有 167 人，佔 36.5%，未婚有 291 人，佔 63.5%。

三、年齡：30 歲以下有 217 人，佔 47.4%，30 歲又 1 天～40 歲有 105 人，佔 22.9%，40 歲又 1 天～50 歲有 84 人，佔 18.3%，50 歲又 1 天以上有 52 人，佔 11.4%。

四、學歷：高中職以下有 139 人，佔 30.3%，大專院校有 268 人，佔 58.5%，碩士以上有 51 人，佔 11.2%。

五、個人月收入：在 30,000 元以下有 261 人，佔 57%，30,001 元～50,000 元有 128 人，佔 28%，50,001 元

～70,000 元有 61 人，佔 13.3%，70,001 元以上有 8 人，佔 1.7%。

表 4-1 人口統計變項摘要表

變數	選項	次數	百分比（%）
性別	男性	368	80.3
	女性	90	19.7
婚姻	已婚	167	36.5
	未婚	291	63.5
年齡	30 歲以下	217	47.4
	30 歲又 1 天～40 歲	105	22.9
	40 歲又 1 天～50 歲	84	18.3
	50 歲又 1 天以上	52	11.4
學歷	高中職以下	139	30.3
	大專院校	268	58.5
	碩士以上	51	11.2
個人月收入	30,000 元以下	261	57.0
	30,001 元～50,000 元	128	28.0
	50,001 元～70,000 元	61	13.3
	70,001 元以上	8	1.7

第二節 SBL 廣告與消費行為

以下是 SBL 現場比賽所出現的廣告，為了避免雜亂無章，根據相同或是類似的廣告商品性質加以分類，現場觀賽者對於這些廣告產品進行購買過或是消費使用的狀況分析如下，請參閱表 4-2。

一、飲料食品類

台灣啤酒有 362 人，佔 8.5%，黑松沙士有 458 人，佔 10.8%，雪天果有 254 人，佔 6%，冰火伏特加有 215 人，佔 5.1%，保利達蠻牛有 367 人，佔 8.7%，韋恩咖啡有 256 人，佔 6%，Airwaves 口香糖有 458 人，佔 10.8%，台糖系列有 458 人，佔 10.8%，光泉系列有 458 人，佔 10.8%，奧利多有 210 人，佔 5%，Life 生活廣場有 354 人，佔 8.4%，鮮果多有 387 人，佔 9.1%。

二、資訊類

中華電信有 458 人，佔 37.2%，Nokia 有 357 人，佔 29%，Mio 掌上型導航系統有 6 人，佔 0.5%，OKWAP 有 65 人，佔 5.3%，防毒軟體 PC-Cillin 有 257 人，佔 20.9%，亂 Online 網路遊戲有 87 人，佔 7.1%。

三、運動用品類

Adidas 有 427 人，佔 32%，Nike 有 458 人，佔 34.3%，Reebok 有 451 人，佔 33.7%。

四、運動健身俱樂部

伊士邦有 2 人，佔 66.7%，貴子坑鄉村俱樂部有 1 人，佔 33.3%。

五、電視台

緯來體育、東森電視與 ESPN 均是 458 人，均佔 33.3%。

六、醫護衛生

舒適牌刮鬍刀有 352 人，佔 81.3%，科正股份有限公司有 2 人，佔 0.5%，UNO 洗面乳有 38 人，佔 8.8%，熱力軟膏有 41 人，佔 9.4%。

七、交通運輸

中華汽車有 3 人，佔 2%，長榮航空有 5 人，佔 3.5%，Mazda 有 3 人，佔 2%，Nissan 有 5 人，佔 3.5%，Renault 有 1 人，佔 0.7%，Kymco 有 128 人，佔 88.3%。

八、財經保險

台灣銀行有 137 人，佔 72.1%，台新金控有 51 人，佔 26.9%，中國人壽有 1 人，佔 0.5%，新安東京海上有 1 人，佔 0.5%。

九、其他

行政院體育委員會有 2 人，佔 66.6%，虹牌油漆有 1 人，佔 33.3%。

十、綜合討論

由於類別當中的項目不同，因此，綜合次數與百分比進行分析與討論。在電視台轉播方面顯示所有的現場觀賞者均收看過緯來體育、東森電視與 ESPN 的轉播，是所有類別當中最高的。其次則是運動用品類，在 SBL 現場觀賞者當中，大部分都曾經購買過 Adidas、Nike 與 Reebok 的運動產品。資訊類也是與日常生活息息相關，所有的現場觀賞者均使用過中華電信的服務，相信這些現場觀賞者不是使用手機門號，就是使用傳統有線電話機。而 Nokia 與防毒軟體 PC-Cillin 所佔的次數與比率也較高，反應出現場觀賞者通訊與電腦資訊使用的品牌。飲料食品類是廣告項目當中出現最多的，例如：台灣啤酒、黑松沙士、Airwaves 口香糖、台糖與光泉系列均是耳熟能詳的；另外，雪天果、冰火伏特加、保力達蠻牛、韋恩咖啡、奧利多、Life 生活廣場與鮮果多的消費也不在少數，顯示出 SBL 現場廣告當中以飲料食品類佔最大宗。

交通運輸類別當中的消費金額比其他類別都高，例如：中華汽車、Nissan、Mazda、Renault 等汽車的單價都不低；乘坐長榮航空旅行或是購買 Kymco 機車或相關產品的消費亦不低，因而在整體廣告當中，現場觀賞者消費的次數比較低。而醫護衛生類（舒適牌刮鬍刀、科正、UNO 洗面乳、熱力軟膏等）、財經保險類（台灣銀行、台新金控、中國人壽與新安東京海上）、運動健身俱樂部（依士邦與貴子坑鄉村俱樂部）以及其他（行政院體育委員會與虹牌油漆）有可能因為關係特定族群導致消費的次數並不高。施致平（2004）探討

2003 年轉播亞洲棒球錦標賽期間廣告與收視率之關係，分析電視收視與廣告效益，飲料類、藥品類與食品類等低價位之產品，佔總廣告量之 87.35%。陳永宜（2005）探討超級籃球聯賽 SBL 現場觀眾參與動機、參與滿意度與行為意向之間的關係，顯示學生是主要的觀眾族群、大專是教育程度中參與率最高的觀眾群、未婚的觀眾參與比例較高、收入在「3,000 元以下」的參與者是球賽主要的消費者，上述數據均可與本研究結果相對照，由於在文獻探討當中已經陳述，在此不再贅言。

表 4-2　SBL 廣告與消費行為摘要表

類別	項目	次數	百分比（%）
飲料食品類	台灣啤酒	362	8.5
	黑松沙士	458	10.8
	雪天果	254	6.0
	冰火伏特加	215	5.1
	保力達蠻牛	367	8.7
	韋恩咖啡	256	6.0
	Airwaves 口香糖	458	10.8
	台糖系列	458	10.8
	光泉系列	458	10.8
	奧利多	210	5.0
	Life 生活廣場	354	8.4
	鮮果多	387	9.1
	總合	4237	100.0
資訊類	中華電信	458	37.2
	Nokia	357	29.0
	Mio 掌上型導航系統	6	0.5
	OKWAP	65	5.3
	PC-Cillin	257	20.9
	亂 Online 網路遊戲	87	7.1
	總合	1230	100.0

運動用品類	Adidas	427	32.0
	Nike	458	34.3
	Reebok	451	33.7
	總合	1336	100.0
運動健身俱樂部	伊士邦	2	66.7
	貴子坑鄉村俱樂部	1	33.3
	總合	3	100.0
電視台	緯來體育	458	33.3
	東森電視	458	33.3
	ESPN	458	33.3
	總合	1374	100.0
醫護衛生	舒適牌刮鬍刀	352	81.3
	科正股份有限公司	2	0.5
	UNO 洗面乳	38	8.8
	熱力軟膏	41	9.4
	總合	433	100.0
交通運輸	中華汽車	3	2.0
	長榮航空	5	3.5
	Mazda	3	2.0
	Nissan	5	3.5
	Renault	1	0.7
	Kymco	128	88.3
	總合	145	100.0
財經保險	台灣銀行	137	72.1
	台新金控	51	26.9
	中國人壽	1	0.5
	新安東京海上	1	0.5
	總合	190	100.0
其他	行政院體育委員會	2	66.6
	虹牌油漆	1	33.3
	總合	3	100.0

第三節 SBL 廣告效益與消費行為假設模式驗證

一、根據之前所設定 SBL 廣告效益與消費行為假設模式，進行圖 3-2 假設結構模式適合度評估，以最大概似估計法（The maximum likelihood method, ML）進行模式參數推估分析，表 4-3 顯示模式之配適度指標量表之建議數值（呂謙，2005；黃芳銘，2002）。

二、根據模式驗證評估數據顯示，卡方值（$\chi2$）為 1773.05，自由度為 731，p 值為.000，標準化卡方係數（Normalized chi-square index, NCI）為 2.42，殘差均方根（Root mean square residual, RMR）為.061，平均近似誤差均方根（Root mean square error of approximation, RMSEA）為 .056，適合度指標（Goodness-of-fit index, GFI）為.83，規範配合指標（Normed fit index, NFI）為.81，漸增配合指標（Incremental fit index, IFI）為.88，與比較配合指標（Comparative fit index, CFI）為.88，顯示配適度未達到接受之程度，因此進行模式修正。

三、根據 SEM 之理論，模式的修正可藉由刪除可觀察衡量變數之方式，增加模式建構效度（呂謙，2005；黃芳銘，2002）。本研究依據統計軟體「AMOS4」計算各衡量變數估計參數修正指數值，刪除估計參數指數值偏低之 y2、y5、y10、y13、y16、y21、y26、 y27、y33、y35、y39 等總共 11 個衡量變數。依據估計參數修正指數進行模式修正（呂謙，2005；黃芳銘，2002），修正後卡方值（χ2）為 679.81，自由度為 363，p 值為.000，NCI 為 1.87，RMR 為.043，RMSEA 為.044，GFI 為.91，NFI 為.89，IFI 為.95 與 CFI 為.95。修正後之評估指標數值已經改善，接受修正後之方程模式，請參閱表 4-3 模式配適度指標量表與圖 4-1 修正模式圖。

四、複核效度指標是分析數值是否也能適用於其他的研究，Akaike 訊息標準指標（Akaike information criterion, AIC）估算未來可能樣本預測分配，期望複核效度指標（Expected cross validation index, ECVI）評估模式適當性，數值均是愈小愈好（呂謙，2005；黃芳銘，2002；Kaplan, 2000）。本研究當中的 AIC 數值為 1951.05，經修正後為 823.81，ECVI 數值 4.27，經修正後為 1.80，顯示符合複核效度之要求。

五、結構方程模式當中對於假設模式的建構，要求能夠以理論或是相關文獻建立基本的變項，因此，在量表的製作就是相當重要的規劃。本研究之量表題項雖然在模式驗證當中，被刪除 11 個題項，這是由於進行探索性因素分析時，各因素的因素負荷量僅要求大於.4，其目的在於保留多一點的題項。呂謙（2005）認為題項與因素間的關聯性非常密切，量表如果是進行系列研究並使用在其他樣本數與研究時，進行探索性因素分析找尋模式結構時，就要提高題項因素負荷量，在探索性因素分析時，各因素的因素負荷量大於.6，可以兼具模式的建構、題項與變數的完整性。而本研究因素負荷量僅要求大於.4，在建構假設模式與進行驗證時，被刪除的題項就因而增加。在呂謙（2005）與黃芳銘（2002）之研究當中提到模式評估指標數值大於.9 即可，他們的研究與理論當中也提到 Hu & Bently（1999）認為模式評估指標數值應該大於.95，但是一般模式評估指標數值大於.9 都要進行不斷的修正，而且 Hu & Bently（1999）的研究是以數學統計方面的考量，一般模式評估指標數值要大於.95 有相當高的難度（呂謙，2005；黃芳銘，2002；Bollen & Long, 1993；Kaplan, 2000）。另一方面而言，修正後的模式評估指標數值明顯符合 SEM 理論的要求，綜合評估顯示修正後的結構方程模式建構效度良好。而複核效度檢定顯示 AIC 與 ECVI 值均明顯降低，合乎數值愈小愈好的要求，因此，SBL 超級籃球聯賽廣告效益與消費行為模式未來仍能夠適用於其他的樣本。

表 4-3　模式之配適度指標量表

評估指標	建議 要求標準	假設模式 評估指標數值	修正模式 評估指標數值
（一）絕對配適指標			
卡方值（χ2）	愈小愈好	1773.05	679.81
df（自由度）		731	363
p 值	＞.05	.000	.000
殘差均方根 RMR	＜.05	.061	.043
平均近似誤差均方根 RMSEA	＜.05	.056	.044
適合度指標 GFI	＞.9	.83	.91
（二）相對配適指標			
規範配合指標 NFI	＞.9	.81	.89
漸增配合指標 IFI	＞.9	.88	.95
比較配合指標 CFI	＞.9	.88	.95
（三）簡效配適指標			
標準化卡方係數 NCI	＜3	2.42	1.87
簡效基準配合指標 PNFI	＞.5	.76	.80
簡效比較配合指標 PCFI	＞.5	.82	.85
Hoelter 的臨界數 CN	≧200	205	275
（四）複核效度			
Akaike 訊息標準指標 AIC	愈小愈好	1951.05	823.81
期望複核效度指標 ECVI	愈小愈好	4.27	1.80
結論		應當進行模式的修正。	刪除 y2、y5、y10、y13、y16、y21、y26、y27、y33、y35、y39 等總共 11 個題項，綜合所有修正後指標分析，建構效度達要求標準。

資料來源：本研究整理。

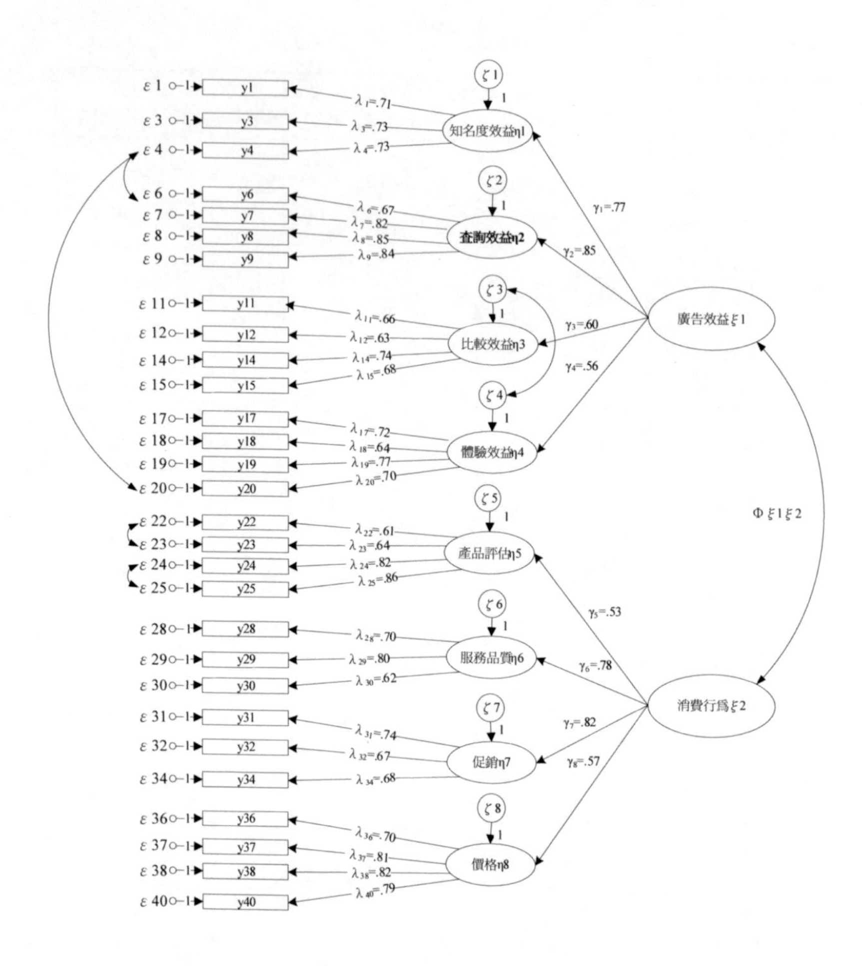

圖 4-1　SBL 廣告效益與消費行為修正模式圖

註：橢圓符號表示無法直接觀察的潛在變數，長方形符號則代表可衡量變數，箭號則代表影響方向。外生潛在變數符號以ξ表示，潛在變數符號以η表示，衡量題項的誤差向量以ε表示，內生潛在變數之殘差誤差向量之符號以ζ表示，潛在變數與可衡量變數之間的路徑係數為“λ”，外生潛在變數與內生潛在變數間的路徑係數“γ”。

第四節　模式線性關係分析

一、表 4-4 線性關係摘要表顯示影響方向、估計係數與模式線性關係，其中外生潛在變數廣告效益（ξ1）與消費行為（ξ2）存在線性正向關係（係數為.50）。當 SBL 消費者進行產品之間的比較，尋求不同的資訊時，廣告製作單位祈求能令消費者印象深刻的廣告，廣告曝光頻繁的頻率，會影響消費者產生正面態度進而引發購買的慾望（曹馨潔，2004）。SBL 的消費者觀賞比賽之餘，在廣告看板得知有創意，能讓人迅速看懂的廣告訊息，這些資訊持續放在比賽場地直接曝露較高的廣告效果，而資訊曝露量與品牌形象兩者會交互影響廣告效果，加強顧客購買的慾望，產生意念之後即會有尋求並且查詢相關的資料與訊息（余至柔，2004）。消費者選購產品時，除注意產品用途外，大部分都會注意產品品牌為選購基準，行銷組合、品牌權益與顧客終身價值間的關係顯示廣告對於消費者購買決策有著關鍵的影響力，透過對於消費者進行廣告，使消費者與其他商品的比較之後進行體驗與購買（王鴻鈞，2004）。這些研究也都顯示：廣告效果由許多因素組合而成，各個因素之間的關係相當緊密，也與本研究模式中指出廣告效益與消費行為之間互相關聯，彼此間具有相當密切的直接影響效果存在相符合。

二、內生潛在變數 η3 比較效益之誤差項（ζ3）與 η4 體驗效益之誤差項（ζ4）存在線性正向關係（係數為.49）。SBL 現場觀賞者看到廣告之後，很有可能會進行廣告商品的比較，或是會因為在 SBL 現場的廣告印象，進而化成實際的行動，到販售現場觀看或是去試用，二者之間的關係相當密切。同時，因為內在潛在變數比較效益（η3）與體驗效益（η4）所包含的題項當中，可能無法全部表達出比較效益與體驗效益的意涵，研究結果顯示：二者之間的誤差項具有顯著的線性關係，有可能是 SBL 現場觀賞者在比較產品之餘，也會去詢問在價格方面或是購買的便利性是否得宜，但是也會考量在實際觀看廣告商品的必要性，或是在價位較低的商品就會直接購買。觀賞行為是連絡、溝通運動賽事、相關商品與現場觀眾的重要通路，透過現場觀賞與傳播媒體來達到廣告宣傳與販售之目的是現今體育運動組織常用的行銷策略。利用廣告、傳播媒介等方式來提升比賽知名度，使現場觀賞民眾瞭解商品的訊息，進而購買廣告產品，因而增加廣告商品販售等附加商業效益（程紹同，2002）。根據二者之間誤差項的關連性，表達比較效益與體驗效益的線性正向關係。

三、衡量變數 y22（購買特定廣告產品前會進行平面媒體資訊搜尋）誤差項（ε22）與 y23（購買特定廣告產品前會進行電子媒體資料蒐集）誤差項（ε23）存在線性正向關係（係數為.46）；其次是 y24（購買特定廣告產品前會多方徵詢使用意見評估）誤差項（ε24）與 y25（購買特定廣告產品前會進行試用評估）誤差項（ε25）存在線性正向關係（係數為.45）。在 y22 與 y23 誤差項之正向關係，有可能是 SBL 現場觀賞者並沒有進行平面媒體與電子媒體的資訊搜尋，也有可能 SBL 現場觀賞者沒有電腦等相關設備，或是認為沒有必要進行平面或是電子媒體的資訊搜尋。施致平（2004）也探討國內三家電視台（台視、中視、緯來）轉播亞洲棒球錦標賽期間廣告與收視率之關係，瞭解廣告之產品類別、探討廣告之特性、分析亞洲棒球錦標賽之收視情況，以期解構電視收視與廣告效益，其中飲料類（38.52%）為電視廣告中之主體，其次為藥品類（33.85%）與食品類（14.98%），廣告產品屬低價位之產品，佔總廣告量之 87.35%，這些均可與本研究相對應。另外也有可能是委託親朋好友代為搜集資料，這些都是衡量變項誤差項線性關係當中，有關誤差項的推論。y24 與 y25 誤差項之正向關係，則有可能是 SBL 現場觀賞者並沒有多方徵詢使用意見，或是並沒有在購買特定廣告產品前進行試用的評估，也有可能是直接就購買，當然也有可能是沒有購買，這些都是二者之間誤差項之線性正向關係。

表 4-4　SBL 廣告效益與消費行為模式線性關係摘要表

影響方向	估計係數 (Estimate)	標準誤 (Stan. err)	決斷值 (Criti. Ra.)	p 值 (p Value)	相關係數 (Correlat.)
ξ1（廣告效益）↔ξ2（消費行為）	.15	.03	5.77	.000	.50
ζ3（η3 誤差項）↔ζ4（η4 誤差項）	.15	.02	5.76	.000	.49
ε22（y22 誤差項）↔ε23（y23 誤差項）	.23	.04	5.30	.000	.46
ε24（y24 誤差項）↔ε25（y25 誤差項）	.22	.04	5.28	.000	.45
ε4（y4 誤差項）↔ε6（y6 誤差項）	.10	.03	3.48	.000	.19
ε4（y4 誤差項）↔ε20（y20 誤差項）	.13	.03	4.16	.000	.24

資料來源：本研究整理。

第五節　模式影響效果分析

一、影響效果

影響效果可由直接效果（Direct effect）、間接效果（Indirect effect）與總效果（Total effect）之分析來說明，直接效果是二變數之間具單一直線關係的結構係數，間接效果表示二變數之間不具直接的直線關係，而是經由其他路徑影響的結構係數，總效果是直接效果與間接效果之加總（呂謙，2005；Bollen & Long, 1993；Kaplan, 2000）。

二、衡量模式直接效果

表 4-5 中顯示影響效果，圖 4-1 中箭號表示影響效果之方向，解釋則是反方向解釋（呂謙，2005；Bollen & Long, 1993；Kaplan, 2000）。

（一）內生潛在變數對外生潛在變數之直接影響效果：

查詢效益（η2）對廣告效益（ξ1）之直接影響效果最高（係數為.85）；促銷（η7）對消費行為（ξ2）之直接影響效果最高（係數為.82）。SBL 現場觀賞者看到比賽現場的廣告，對於一些廣告的商品或許也沒有其他的意象，一旦在現場看到新的廣告或是對某項廣告商品有所需求時，就會進行相關商品的查詢，無論是針對廣告商品的品質、價格、數量、何處販售等各方面的查詢，均是對 SBL 廣告效益產生直接的影響效果。王之弘（1990）探討職業棒球市場區隔化與消費者行為指出，必須運用行銷觀念，掌握消費者行為特性，將有助於職棒的發展，也指出針對消費者的特性進行滿意程度的關鍵服務項目，根據不同消費頻率消費者之特性擬定行銷策略，均與本研究相呼應。在 SBL 現場所見到的廣告看板，現場觀賞者最有興趣的消費行為則是以促銷為主。事實上也可以發現，在 SBL 現場廣告當中，在一般平面雜誌或是電子媒體（包括：電視、電腦等）也會持續出現。研究結果也顯示出，SBL 現場消費者會因為心目中特定廣告商品有推出一些促銷的活動，例如：贈品、零利率、延長維護保養時限等，對於 SBL 現場觀賞者的消費行為有直接影響效果。

（二）衡量變項對內生潛在變項之直接影響效果：

1、y3（在 SBL 看到該特定廣告的產品）與 y4（之前聽過該特定廣告的產品）對知名度效益（η1）（係數均為.73）之直接影響效果最高；y8（會上網查詢特定產品的情況）對查詢效益（η2）（係數為.85）之直接影響效果最高；y14（會與其他相關產品進行數量的比較）對比較效益（η3）（係數為.74）之直接影響效果最高；y19（會再度去體驗該特定廣告產品）對體驗效益（η4）（係數為.77）之直接影響效果最高。由此可知，廣告的產品必須要能夠在 SBL 現場觀賞者的記憶當中留下印象，亦即這些觀賞者會因為在 SBL 比賽現場，看到特定的廣告，之前也聽過這些廣告的產品與效用，無形當中就會注意這些廣告的產品，也就是廣告產品的知名度因而提升。觀賞者因為注意到符合自己需求的產品，或許還不清楚這些特定廣告產品的功能，或是想要知道更多的訊息。研究結果指出，這些觀賞者也上網查詢這些特定產品的詳細情況，以便為日後體驗或是購買的依據，此項上網的查詢也顯示對查詢效益的影響效果最大。如果所花費的金額相同，現場觀賞者期待能夠有更多數量的相同產品，雖然有些產品單價高，無法獲得更多的數量，但是現場觀賞者在比較效益方面以能夠在數量方面為訴求，對於比較效益的直接影響效果最高。有許多廣告產品的單價並非所有的觀賞者均能夠負擔得起，在這些特定的產品當中，現場觀賞者也藉由題項表達出他們會去試用該特定的廣告產品，之後還會再度去體驗該特定的廣告產品，這是對體驗效益的直接影響效果最高。黃佑鋒（2003）以 Nike 贊助 HBL 為例，進行運動賽會的媒體策略對企業贊助意願之研究指出，媒體、運動組織、企業單位等並不瞭解運動的真諦和觀賞價值，使運動行銷在國內難以全面拓展。強化運動行銷觀念，引進專業運動行銷人員，提升參與和觀賞運動人口，擴大運動市場的規模，才能促進廣告效益，將產品呈現給消費者，與王麗珍（1984）探討產品特性、採購型態、市場特性及消費者特性之研究相符。觀賞運動競賽的經驗是藉由不同方式的接觸運動而形成的，廣告效益當中知名度的產生，必須要讓觀賞者知道有這些廣告與產品。

2、y25（購買特定廣告產品前會進行試用評估）對產品評估（η5）（係數為.86）之直接影響效果最高；y29（會因該特定廣告產品服務保證而有意購買）對服務品質（η6）（係數為.80）之直接影響效果最高；y31（會因為優惠價格而有意購買）對促銷（η7）（係數為.74）之直接影響效果最高；y38（會因該特定廣告產品所需花費的金額不高而購買）對價格（η8）（係數為.82）之直接影響效果最高。對於一些特定廣告商品而言，消費者並不會在第一次接觸就會進行購買的動作，而會對於產品進行相關的評估，研究結果也顯示：在 SBL 廣告效益當中，現場觀賞者對於購買特定廣告產品前，會進行試用評估，表示消費者對於廣告產品抱持比較保守的態度，而不是有什麼新的廣告產品推出，消費者就會進行購買的行為。研究結果也顯示，這種試用方式對於 SBL 廣告效益當中的產品評估之直接影響效果最高。對於 SBL 現場廣告當中所出現的廣告產品包羅萬象，有飲料食品類、通訊電子、電腦軟硬體之類，或是交通運輸商品等各類別，有些產品的金額比較龐大，例如：汽車的銷售服務也就不會與運動器材的銷售與服務相同，涉及的品質認定也不會一樣。而研究當中也顯示出會因 SBL 現場廣告當中，心目中的特定廣告產品服務保證而產生購買意願對於服務品質的直接影響最大。即使同樣是汽車類別，但是各品牌的汽車在用途的訴求不一樣，價格不盡相同，維修保養與服務人員的態度以及服務的品質也有可能遵循不同的服務流程。因此，研究結果顯示：這些服務品質的不同也會影響消費者的購買行為。蘇育代（2004）認為產業環境變化促使行銷策略、消費者態度與購買行為之改變，若能以企業行銷策略影響消費者行為與購買意圖，將更能發揮企業行銷策略的調整能力。審視 SBL 現場廣告的產品，有些價位的確較高，汽車或機車都是新台幣幾萬元至數十萬元以上的價格，也不是現場觀賞者會看到廣告產品就會直接去購買的商品。以通訊電子、電腦硬體為例，雖然除了 SBL 現場推出手機的品牌廣告，之後也會在電視或是雜誌也可以看到新的手機推出，電子或電腦產品也是如此，因此，現場觀賞者也表示會因為優惠價格而有意購買，這項觀察變數對促銷之直接影響效果最高。雖然 SBL 現場廣告有許多各式各樣不同的種類，現場觀賞者也認為許多商品並不需要經過繁複的試用階段就可以直接購買，對照 SBL 廣告產品當中，飲料食品的台灣啤酒、黑松沙士、雪天果、冰火伏特加、保力達蠻牛、韋恩咖啡、Airwaves 口香糖、鮮果多等飲料或是食品都很容易在周遭的便利商店可以購得，而一些衛生用品例如：舒適牌一般使用的刮鬍刀、UNO 洗面乳、熱力軟膏等商品也是價位並不會太過高昂，不需要超過新台幣 200 元以上。也與施致平（2004）探討轉播亞洲棒球錦標賽期間廣告與收視率之關係當中顯示電視廣告中之主體為飲料類，其次為藥品類與食品類之研究相符合。因此，SBL 現場觀賞者對於特定廣告產品，如果所需花費的金額不高就會直接購買對價格的直接影響效果最高。

三、模式間接效果

模式當中衡量變數透過內生潛在變數運用間接的方式影響外生潛在變數，顯示模式間接影響的方式。

（一）y8（會上網查詢特定產品的情況）與 y9（會詢問親朋好友有關特定廣告產品的價格）對廣告效益（ξ1）之間接影響效果最高（係數均為.72）。顯示會上網查詢特定產品的情況與會詢問親朋好友有關特定廣告產品的價格透過查詢效益運用間接的方式影響廣告效益。對於 SBL 超級籃球聯賽現場的廣告而言，現場觀賞球賽的觀賞者對於這種放置在現場廣告看板之廣告效益，認為要讓看到廣告看板之潛在消費者，對於廣告的產品有所興趣，進而會進行查詢的行動。澳洲民眾觀賞運動競賽之頻繁，每逢舉辦全國性之澳式橄欖球、足球與賽馬冠軍爭奪賽，當地政府往往配合民眾需求而放假，以鼓勵民眾前往觀賞運動競賽（黃煜，2002；Nixon & Frey, 1966）。這種情形正可以顯示出現場廣告效益之成效，加上現在電視、網路等電子媒體佔據生活的一部分，尤其是影響廣告效益的方式也是透過上網去查詢特定商品的使用情況。而且網站上面也會針對一些商品或是提供發表言論的版面，讓消費者敘述使用過的情形，或是針對某些產品的使用心得。這些現場觀賞者或可以說是未來的潛在消費者可以查詢到廣告商品的數量、使用的過程、收費、或是折扣等訊息（施致平，2004；黃煜，2002）。另一種方式則是詢問周遭的親朋好友，對於有關廣告商品的信譽、品質與價格等相關問題，這些都是透過查詢效益的方式，間接對廣告效益產生相當大的影響。

（二）y29（會因該特定廣告產品服務保證而有意購買）與 y31（會因為優惠價格而有意購買）對消費行為（ξ2）之直接影響效果最高（係數為.63 與.61）。顯示會因該特定廣告產品服務保證而有意購買與會因為優惠價格而有意購買透過服務品質與促銷運用間接的方式影響消費行為。在 SBL 超級籃球聯賽當中，對於現場觀賞者之廣告商品消費行為而言，則是因為廣告商品的服務品質以及促銷的活動吸引這些觀賞者，尤其是廣告產品的服務過程以及服務的保證，加上優惠的價格，自然而然吸引消費者購買等消費行為。對於服務品質的重要性是許多產品一再強調的，這種對於產品品質的信賴，也就是對於廣告商品品質方面的認同，因而產生購買的慾望或是實際進行消費。另一方面，促銷活動也是影響消費行為的重大影響關鍵，潛在消費者或是 SBL 現場消費者期望在購買某些特定廣告商品，能夠再得到一些附加價值、優惠、或是降價的活動，這些都是會影響消費行為的變數。本研究結果也與林世寅（1993）指出消費者在品牌選擇是由功能性價值，社會性價值，嘗新性價值，條件性價值所驅動，在目標市場的選擇、產品的定位、產品型式、價格、通路、促銷的組合等行銷活動之研究相符合。

四、總效果

表 4-5 影響效果摘要表顯示模式之總效果，上述說明已經指出直接與間接效果之影響關係，數值指出直接影響效果數值較高，而間接影響效果數值較低，雖然模式以直接影響之效果最高，但是這些總體影響效果均是 SBL 超級籃球聯賽廣告效益與消費行為之考量。

表 4-5　影響效果摘要表

變數	廣告效益（ξ1）	消費行為（ξ2）	知名度效益（η1）	查詢效益（η2）	比較效益（η3）	體驗效益（η4）	產品評估（η5）	服務品質（η6）	促銷（η7）	價格（η8）
η1	.77									
η2	.85									
η3	.60									
η4	.56									
η5		.53								
η6		.78								
η7		.82								
η8		.57								
y1	.55		.71							
y3	.57		.73							
y4	.57		.73							
y6	.57			.67						
y7	.70			.82						
y8	.72			.85						
y9	.72			.84						
y11	.39				.66					
y12	.34				.63					
y14	.44				.74					
y15	.41				.68					
y17	.33					.72				
y18	.29					.64				
y19	.35					.77				
y20	.32					.70				
y22		.33					.61			
y23		.34					.64			
y24		.44					.82			
y25		.46					.86			
y28		.55						.70		
y29		.63						.80		
y30		.48						.62		
y31		.61							.74	
y32		.56							.67	
y34		.57							.68	
y36		.40								.70
y37		.46								.81
y38		.53								.82
y40		.45								.79

註：資料來源：本研究整理。未出現之變數已經在模式驗證時被刪除，y1－y40 題項請參閱表 3-6。

第伍章　結論與建議

本章第一節將針對「SBL 超級籃球聯賽廣告效益與消費行為模式建構與實證之研究」的研究成果，依據研究問題、理論推導、預試與實證結果等過程，提出本研究的重要結論，第二節則說明本研究的一般建議與後續研究建議。

第一節　結論

一、SBL 超級籃球聯賽現場觀眾，人口統計變項之分析，以男性、未婚、30 歲以下、大專院校學歷、個人月收入在 30,000 元以下所佔比率最高。

二、SBL 廣告與消費行為當中，現場觀賽者對於這些廣告產品進行購買過或是消費使用的狀況分析：

（一）飲料食品類：以黑松沙士、Airwaves 口香糖、台糖與光泉系列所佔比率最高。

（二）資訊類：以中華電信所佔比率最高。

（三）運動用品類：Adidas、Nike 與 Reebok 均佔相當高之比率。

（四）電視台：均收看過緯來體育台、東森電視台與 ESPN。

（五）醫護衛生：以舒適牌刮鬍刀所佔比率最高。

（六）交通運輸：以 Kymco 所佔比率最高。

（七）財經保險：以台灣銀行所佔比率最高。

三、以探索性因素分析萃取 SBL 廣告效益與消費行為之因素，廣告效益分別為「知名度效益」、「查詢效益」、「比較效益」與「體驗效益」等因素，消費行為分別為「產品評估」、「服務品質」、「促銷」與「價格」等因素，累積解釋變異量達 67.35%，發展出 8 個因素與 40 個題項，因素的特徵值均大於 1，而且在信度方面內部一致性也達到建構模式 0.7 的基本要求。

四、建構 SBL 廣告效益與消費行為假設模式當中，假設 SBL 廣告效益之「知名度效益」、「查詢效益」、「比較效益」、「體驗效益」與消費行為之「產品評估」、「服務品質」、「促銷」與「價格」之間存在著顯著的線性關係與互相影響之效果，並且進行模式的評估與驗證。

五、SBL 廣告效益與消費行為假設模式驗證，根據模式驗證評估數據顯示配適度未達到接受之程度，故而進行模式修正。根據 SEM 之理論刪除 y2、y5、y10、y13、y16、y21、y26、y27、y33、y35、y39 等總共 11 個衡量變數，修正後評估指標數值已經改善，接受修正後之方程模式。

六、SBL 廣告效益與消費行為模式線性關係分析當中，外生潛在變數『廣告效益』與『消費行為』存在線性正向關係；內生潛在變數「比較效益」之誤差項與「體驗效益」之誤差項存在線性正向關係。顯示研究模式中『廣告效益』與『消費行為』之間互相關聯，彼此間具有相當密切的直接影響效果存在相符合。

七、模式影響效果分析方面，「查詢效益」對『廣告效益』之直接影響效果最高；「促銷」對『消費行為』之直接影響效果最高。

（一）在 SBL 看到該特定廣告的產品與之前聽過該特定廣告的產品對「知名度效益」之直接影響效果最高。

（二）會上網查詢特定產品的情況對「查詢效益」之直接影響效果最高。

（三）會與其他相關產品進行數量的比較對「比較效益」之直接影響效果最高。

（四）會再度去體驗該特定廣告產品對「體驗效益」之直接影響效果最高。

（五）購買特定廣告產品前會進行試用評估對「產品評估」之直接影響效果最高。

（六）會因該特定廣告產品服務保證而有意購買對「服務品質」之直接影響效果最高。

（七）會因為優惠價格而有意購買對「促銷」之直接影響效果最高。

（八）會因該特定廣告產品所需花費的金額不高而購買對「價格」之直接影響效果最高。

八、模式影響效果分析間接影響效果方面，則顯示模式之間可觀察變數透過內生潛在變數間接影響外生潛在變數的影響效果。

（一）會上網查詢特定產品的情況與會詢問親朋好友有關特定廣告產品的價格對『廣告效益』之間接影響效果最高，顯示會上網查詢特定產品的情況與會詢問親朋好友有關特定廣告產品的價格透過「查詢效益」運用間接的方式影響『廣告效益』。

（二）會因該特定廣告產品服務保證而有意購買與會因為優惠價格而有意購買對『消費行為』之間接影響效果最高，顯示會因該特定廣告產品服務保證而有意購買與會因為優惠價格而有意購買透過「服務品質」與「促銷」運用間接的方式影響『消費行為』。

九、本研究當中的 AIC 數值與 ECVI 數值經修正後，符合複核效度之要求，顯示 SBL 廣告效益與消費行為模式也能適用於其他的研究。

第二節　建議

本研究根據理論、文獻資料與專家學者意見，先進行 SBL 廣告效益與消費行為因素分析，再建構 SBL 廣告效益與消費行為假設模式，並且應用於不同的研究對象以實證方式進行 SBL 廣告效益與消費行為模式之建構並加以驗證，以建立建構效度，以下根據研究結果提供建議。

一、SBL 廣告效益與消費行為模式建構方面，建議探索性因素分析時就進行因素與題項的篩選，題項因素的負荷量、累積變異量與內部一致性係數均是愈高愈好，這樣有助於結構方程模式的建構、驗證與配適度的檢定。另一方面，如果在探索性因素分析不盡理想時，可以進行題項的刪除，也可以在模式驗證時加以刪除，以達到配適度標準。

二、廣告效益與消費行為存在線性正向關係，除了廣告要能夠運用圖像面積與廣告畫面鮮明易見吸引消費者的注意力，建議標題文字大小與運用鮮豔醒目的顏色強化廣告效益。另建議廣告商品可以運用比較的方式呈現給消費者，讓消費者在了解品牌知名度想要探討並比較，就可以吸引消費者直接進入體驗階段或是直接購買產品。

三、SBL 超級籃球聯賽除了現有的廣告看板方式之外，建議搭配其他方式的廣告，例如：運用置入性質廣告，搭配籃球運動推動產品的知名度。可以在中場休息時，以籃球趣味活動進行的方式，上場推動廣告行銷，增加商品曝光率。也可以在比賽場地的入出口贈送試用品，增加觀賞者的印象，促成後續的查詢度與比較體驗等效益。

四、模式顯示查詢效益對廣告效益最具直接影響效果。表示現場觀賞者對於 SBL 廣告效益當中，讓這些潛在消費者進行查詢的動機，整個廣告的效果也就可以呈現。因此，藉由研究結果，建議 SBL 現場廣告看板當中，可以經由思考與創意，或是藉由暗示的方式，讓看到廣告的觀賞者，產生好奇心，進而運用各種方式查詢。另一種方式是在廣告看板上，直接了當的將一些訊息傳達，建議運用諧音或是一些中、英文等語言的轉換，讓這些消費者記得廣告的訴求，也建議放一些可以讓看到廣告看板的潛在消費者知道，要在哪裡可以查詢得到相關的訊息。

五、對於消費行為而言，模式顯示促銷對消費行為最具直接影響效果，從 SBL 現場廣告而言，這些觀賞者可以看到廣告當中品牌的展示，也會在日後對這些心目中已經留下深刻印象並且心目中已經認定同意的商品或是品牌的代表商品有特殊的象徵意義，從直接效果而言，也是這些現場的觀賞者對於廣告商品推出的一些促銷活動，會因而引發相關的消費行為。建議商品不但要藉由各式各樣的方式讓消費者知道，還要創造一些話題，或是藉由一些贈品活動、抽獎活動、降價促銷等銷售方法，讓潛在消費者購買商品。雖然上述建議是老生常談，但是也藉由研究結果證明，經由 SBL 現場廣告效益之後，促銷相關活動會直接影響消費行為。

六、本研究建構 SBL 廣告效益與消費行為模式，複核效度檢定顯示 SBL 廣告效益與消費行為模式可適用於其他樣本，後續研究可探討不同運動休閒產業的廣告效益與消費行為，或是運用於特定的運動休閒產業對於廣告效益與消費行為模式的驗證。

七、後續研究也可以修改或增加研究量表的架構，或是從管理、行銷等各領域，探討運動休閒廣告效益與消費行為複合方式產生的功能。

參考文獻

中文圖書

王宗吉（1995）。**運動社會學研究法之理論探討**。台北：中華民國大專院校體育總會。

余朝權（1996）。**現代行銷管理**。台北：五南。

行政院主計處（1991）。**十五歲以上國人休閒參與概況**。台北：行政院主計處。

行政院主計處（2005）。**社會發展趨勢調查報告——休閒生活與時間運用**。台北：行政院主計處。

吳文忠（1956）。**中國近百年體育史**。台北：台灣商務印書館。

吳知賢（1998）。**兒童與電視**。台北：桂冠出版社出版。

林靈宏（1994）。**消費者行為學**。台北市：五南。

周恃天（1967）。**西洋文化史**。台北：黎明出版社。

孫秀蕙（1999）。**廣告與兩性**。台北：心理出版社。

陳順宇（2000）。**多變量分析**。台北：華泰。

黃金柱（1994）。**體育運動策略性行銷**。台北：師大書苑。

黃芳銘（2002）。**結構方程模式理論與應用**。台北：五南。

黃恆祥（2005）。**運動休閒從業人員運動休閒健身俱樂部消費行為之研究**。台北：今古。

張春興（1996）。**教育心理學：三化取向的理論與實踐**。台北：東華書局。

張紹勳（2001）。**研究方法**。台中：滄海。

程紹同（2001）。**第5促銷元素：運動贊助行銷新風潮**。台北：滾石文化。

程紹同（2002）。**運動管理學**。台北：華泰。

賴東明（1991）。**30年廣告情：賴東明談廣告、行銷、傳播**。台北：台灣英文雜誌。

蔡瑞宇（1996）。**顧客行為學**。台北：天一圖書公司。

劉會梁（2000）。**廣告管理**。台北：正中工商管理叢書出版。
顧玉珍、周月英（1995）。**媒體的女人、女人的媒體**。台北：碩人出版社。

中文期刊

江金山、呂　謙（2006）。體育館營建管理模式建構與驗證之研究——中國文化大學體育館興建實證為例。**運動休閒管理學報**，2（2），1-23。
呂　謙（2005）。台灣地區馬拉松賽會參賽者服務管理模式建構與驗證之研究。**台灣體育運動管理學報**，3，43-76。
李　蘭（1993）。運動行為改變技術。**國民體育季刊**，24（4），32-38。
吳彥磊、邵于玲、王宏宗（2004）。宏碁中華民國公開賽企業贊助效益之個案研究。**大專高爾夫學刊**，2，31-43。
周靈山（2005）。電視運動廣告中意涵分析——以 Adidas 廣告為例。**大專體育雙月刊**，76，45-53。
邱魏頌正、林孟玉（2000）。從當代流行文化看消費者從眾行為——以日本流行商品為例。**廣告學研究**，7，115-137。
施致平（2004）。解構 2003 年亞洲棒球錦標賽收視與廣告特性分析。**體育學報**，37，229-240。
高俊雄（1996）。休閒概念面面觀。**國立體育學院論叢**，6（1），69-78。
張良漢（1999）。企業贊助體育運動初探。**大專體育期刊**，42，142-148。
張威龍、古永嘉（2000）。社會期望反應偏差對負面消費者行為研究的影響——以物質傾向為例的間接量表驗證。**企業管理學報**，46，49-76。
張威龍（2003）。青少年虛榮特性與負面消費行為關係之研究——以物質立意與強迫性購買為例。**萬能商學學報**，8，185-205。
張蕙麟（2005）。台灣地區大專院校學生運動參與行為之調查研究。**運動管理季刊**，7，111-120。
黃　煜（2002）。運動場上的卡位戰——全球兩大信用卡發卡組織的運動贊助策略分析。**廣告雜誌**，6，24-25
黃　煜（2002）。美國職業運動產業發展與分析。**國民體育季刊**，31（4），38-44。

楊朝旭（2002）。廣告支出價值攸關性之研究。**證券櫃檯**，78，22-34。
葉公鼎（2001）。論運動產業之範疇與分類。**運動管理季刊**，1，10-19。

中文博、碩士論文

王之弘（1990）。**職業棒球市場區隔化與消費者行為**。東海大學企業管理研究所碩士論文，未出版，台中市。
王思凱（2004）。**探討消費者決策型態之研究——以台北市為例**。國立交通大學經營管理研究所碩士論文，未出版，新竹市。
王敦韋（2004）。**贊助效益之研究——以第二屆超級籃球聯賽（SBL）為例**。朝陽科技大學企業管理研究所碩士論文，未出版，台中縣。
王鴻鈞（2004）。**資訊曝露量與品牌形象對廣告效果影響之研究——以連鎖加盟業為例**。大葉大學國際企業管理研究所在職專班碩士論文，未出版，彰化縣。
王麗珍（1984）。**產品特性、採購型態、市場特性及消費者特性對消費品「品牌忠誠度」之影響**。國立台灣大學商學研究所碩士論文，未出版，台北市。
甘玉松（1991）。**茶類飲料市場態勢與消費者行為之研究**。中國文化大學企業管理研究所碩士論文，未出版，台北市。
古德龍（2003）。**台北縣市羽球拍消費者之消費行為研究**。國立體育學院體育研究所碩士論文，未出版，桃園縣。
任國勇（1996）。**閱讀汽車廣告——廣告本文的性別與空間分析**。國立台灣大學建築與城鄉研究所碩士論文，未出版，台北市。
朱佩忻（2003）。**從消費者觀點分析企業運動贊助效果**。國立台灣大學國際企業管理研究所碩士論文，未出版，台北市。
汪立中（2004）。**企業贊助運動賽事之效益研究——以SBL超級籃球聯賽為例**。銘傳大學管理研究所碩士論文，未出版，台北市。
余至柔（2004）。**台北市公車車廂外廣告意象認知研究**。大同大學工業設計研究所碩士論文，未出版，台北市。

李文娟（1997）。**運動用品業策略形態之比較研究**。國立體育學院體育研究所碩士論文，未出版，桃園縣。

李宗琪（1993）。**電視廣告對兒童行為的影響**。國立政治大學新聞研究所碩士論文，未出版，台北市。

李嘉文（2003）。**贊助高中籃球聯賽對 NIKE 品牌權益影響之研究**。國立台灣師範大學運動休閒與管理研究所碩士論文，未出版，台北市。

吳宏蘭（1993）。**某教學醫院參加健康檢查者之運動及攝鈉行為探討**。國立台灣師範大學衛生教育研究所碩士論文，未出版，台北市。

吳美秀（1999）。**商品普及化之消費文化研究——以大哥大廣告為例**。國立政治大學廣告研究所碩士論文，未出版，台北市。

吳佩玲（2003）。**在企業贊助活動屬性與品牌個性相關聯程度對品牌權益的影響之研究**。東吳大學企業管理研究所碩士論文，未出版，台北市。

吳雅娟（2004）。**台灣地區電視購物消費者購買決策之研究**。銘傳大學管理科學研究所碩士論文，未出版，台北市。

林千裕（2003）。**高中學生運動鞋消費行為之研究——以桃園地區為例**。輔仁大學體育研究所碩士論文，未出版，台北縣。

林世寅（1993）。**消費價值與品牌選擇之研究**。國立台灣大學商學研究所碩士論文，未出版，台北市。

林信宏（2002）。**運動廣告中的符號消費現象**。南華大學管理研究所碩士論文，未出版，嘉義縣。

林南宏（2006）。**企業贊助運動效益之研究**。大葉大學事業管理研究所碩士論文，未出版，彰化縣。

林俊良（2004）。**消費者對台灣大哥大企業形象的認知——以台中地區為例**。大葉大學事業經營研究所碩士論文，未出版，彰化縣。

林哲生（2003）。**大台北地區網球運動消費者行為研究**。輔仁大學體育研究所碩士論文，未出版，台北縣。

林振雄（1991）。**國內職棒球團與其企業間互動關係之研究**。東海大學企業管理研究所碩士論文，未出版，台中市。

林恩霈（2004）。**台北市撞球運動消費者生活型態、個人價值觀與消費者行為之研究**。國立台灣師範大學運動休閒與管理研究所碩士論文，未出版，台北市。

林偉立（1999）。**不同廣告類型與產品涉入對廣告效果之影響——以運動鞋、運動飲料平面廣告為例**。國立體育學院體育研究所碩士論文，未出版，桃園縣。

林凱明（2003）。**消費者品牌偏好、行銷策略及營運績效之關係研究——以大陸台商為例**。大同大學事業經營研究所碩士論文，未出版，台北市。

林裕恩（2005）。**臺灣師大學生品牌偏好對 adidas 及 NIKE 電視運動廣告效果之影響**。國立台灣師範大學體育研究所碩士論文，未出版，台北市。

林憶萍（1997）。**台北市女性消費者生活型態之區隔對汽車屬性、汽車銷售廣告訴求之偏好研究**。國立交通大學管理科學研究所碩士論文，未出版，新竹市。

林義峰（2005）。**職棒廣告代言人效益之研究——以中信集團為例**。國立嘉義大學休閒事業管理研究所碩士論文，未出版，嘉義市。

忻雅蕾（2005）。**電視媒體運動觀賞者觀賞動機、人格特質與情感反應之研究**。國立政治大學新聞研究所碩士論文，未出版，台北市。

范智明（1999）。**臺北市運動健身俱樂部會員消費者行為之研究**。國立台灣師範大學體育研究所碩士論文，未出版，台北市。

洪文宏（2001）。**消費者態度對企業贊助效益影響之研究——以亞洲盃棒球賽為例**。國立成功大學企業管理研究所碩士論文，未出版，台南市。

柯森智（2000）。**消費者行為與包裝水飲料之包裝型態認知研究**。大同大學工業設計研究所碩士論文，未出版，台北市。

胡嘯宇（2006）。**由消費者觀點探討企業贊助運動賽事之效益——以超級籃球聯賽為例**。實踐大學企業管理研究所碩士論文，未出版，台北市。

馬光宇（2004）。**品牌代言與廣告效益——明基電通 BenQ Joybee Mp3 player 個案研究**。國立交通大學管理科學研究所碩士論文，未出版，新竹市。

徐君毅（2001）。**研發與廣告支出與企業價值變動之因果關係研究**。東海大學企業管理研究所碩士論文，未出版，台中市。

許士賢（2005）。**品牌形象、廣告訴求對消費者購買意願之影響——以韓系手機為例**。東吳大學企業管理研究所碩士論文，未出版，台北市。

許世彥（1998）。**台灣自行車消費者購買行為之研究**。大葉大學事業經營研究所碩士論文，未出版，彰化縣。

曹馨潔（2004）。**廣告代言人、廣告訴求與廣告播放頻率對廣告效果之影響**。中國文化大學國際企業管理研究所碩士論文，未出版，台北市。

梁伊傑（2001）。**台北市大學生參與休閒運動消費行為之研究**。國立台灣師範大學運動休閒與管理研究所碩士論文，未出版，台北市。

康來誠（2005）。**臺灣北部地區馬術運動消費者生活型態與消費者行為之研究**。國立台灣師範大學運動與休閒管理研究所碩士論文，未出版，台北市。

高志宏（1997）。**全球資訊網橫幅廣告有效性之分析研究**。淡江大學資訊管理研究所碩士論文，未出版，台北縣。

唐雪萍（1998）。**廣告重覆策略對品牌多樣化消費行為之影響**。中國文化大學國際企業管理研究所博士論文，未出版，台北市。

章志昇（2001）。**台北地區高爾夫球場消費者行為之研究**。國立台灣師範大學體育研究所碩士論文，未出版，台北市。

陳永宜（2005）。**超級籃球聯賽消費者行為之研究**。國立台灣師範體育研究所碩士論文，未出版，台北市。

陳秀珠（1996）。**台灣職棒球團企業組織績效因素之研究**。國立體育學院體育研究所碩士論文，未出版，桃園縣。

陳忠誠（2004）。**大學生參與現場觀賞 SBL 超級籃球聯賽行為意圖之研究——以文化大學學生為例**。台北市立體育學院運動科學研究所碩士論文，未出版，台北市。

陳金榮（2006）。**運動流行文化的符號學分析：運動時尚風**。國立台北教育大學體育研究所碩士論文，未出版，台北市。

陳冠全（2005）。**體驗行銷與顧客忠誠度、顧客滿意度之關係——以 ESPN 行銷 SBL 為例**。國立政治大學廣告研究所碩士論文，未出版，台北市。

陳柏蒼（2001）。**企業贊助對企業品牌權益影響之研究**。國立中正大學企業管理研究所碩士論文，未出版，嘉義縣。

馮義方（1999）。**在企業對運動贊助行為之研究**。國立台灣大學商學研究所碩士論文，未出版，台北市。

黃佑鋒（2003）。**運動賽會的媒體策略對企業贊助意願之研究——以 Nike 贊助 HBL 為例**。台北市立體育學院運動科學研究所碩士論文，未出版，台北市。

黃淑汝（1999）。**台灣地區職業運動贊助管理之研究**。國立交通大學經營管理研究所碩士論文，未出版，新竹市。

黃裕智（2003）。**遊客社經地位、渡假生活型態與其旅遊消費行為關係之研究——以墾丁地區遊客為例**。大葉大學休閒事業管理研究所碩士論文，未出版，彰化縣。

張彩秀（1993）。**中老年人運動型態、體適能及健康狀況之研究**。國立陽明醫學院碩士論文，未出版，台北市。

張家豪（2004）。**2003 SBL 現場觀眾參與動機與滿意度之研究**。國立台灣師範大學體育研究所碩士論文，未出版，台北市。

張慈凌（2006）。**品牌權益、知覺風險、涉入程度對電視購物消費者行為之研究**。大葉大學事業經營研究所碩士論文，未出版，彰化縣。

畢展榮（2005）。**代言人式電視運動廣告體驗認知以消費者購買動機觀念影響之研究**。輔仁大學體育研究所碩士論文，未出版，台北縣。

鄭宗益（2004）。**國內職業棒球之消費行為研究——以輔仁大學為例**。輔仁大學應用統計學研究所碩士論文，未出版，台北縣。

鄭承嘉（2003）。**台灣職棒運動公關策略類型及實務問題之研究**。大葉大學運動事業管理研究所碩士論文，未出版，彰化縣。

鄭博文（2005）。**廣告重複對消費者行為的影響中**。國立台灣科技大學企業管理研究所碩士論文，未出版，台北市。

廖振宏（2004）。**由社經地位、家庭生命週期探討家庭休閒消費分配之研究**。國立台灣體育學院休閒運動管理研究所碩士論文，未出版，台中市。

鍾志強（1992）。**職業棒球球迷俱樂部消費者行為之研究**。國立體育學院體育研究所碩士論文，未出版，桃園縣。

蔡宗仁（1995）。**廣告支出會計理論與問題之研究**。國立政治大學會計研究所碩士論文，未出版，台北市。

蔡孟修（2005）。**電視購物之消費者行為與行銷策略之研究——以東森電視購物為例**。立德管理學院科技管理研究所碩士論文，未出版，台南市。

蔡佩珊（2004）。**網路廣告效果評估方式之探討**。國立政治大學廣播電視學研究所碩士論文，未出版，台北市。

蔡鴻文（2001）。**價格促銷頻率、幅度與外部參考價格對消費者行為之影響**。國立台灣大學商學研究所碩士論文，未出版，台北市。

蔡翔詎（2005）。**臺灣超級籃球聯賽現場觀賞潛在顧客生活型態與未消費行為導因之研究**。國立台灣師範大學運動與休閒管理研究所碩士論文，未出版，台北市。

蔣昆霖（2004）。**運動選手代言非運動產品對廣告效果之研究-以中華職棒聯盟選手為例**。大葉大學運動事業管理研究所碩士論文，未出版，彰化縣。

楊玉明（2005）。**超級籃球聯賽現場觀眾生活型態、參與動機與參與行為之實證研究**。輔仁大學體育研究所碩士論文，未出版，台北縣。

楊昌澔（2002）。**企業社會責任對消費者公司評價及購買意願反應之影響——以新產品為例**。大同大學事業經營研究所碩士論文，未出版，台北市。

楊書銘（2003）。**休閒運動消費者行為之研究——台南市立羽球館為例**。國立台灣體育學院體育研究所碩士論文，未出版，台中市。

詹雅婷（2004）。**台中市咖啡連鎖店消費者行為研究**。大葉大學休閒事業管理研究所碩士論文，未出版，彰化縣。

劉根維（2003）。**生活型態、知覺風險與性別角色對於消費者行為之研究**。大葉大學事業經營研究所碩士論文，未出版，彰化縣。

劉翠薇（1994）。**北縣某商專學生運動行為極其影響因素之研究**。國立臺灣師範大學衛生教育研究所碩士論文，未出版，台北市。

謝一睿（1996）。**台南市保齡球消費者之生活型態、運動參與頻率和保齡球消費行為之研究**。國立台灣師範大學體育研究所碩士論文，未出版，台北市。

謝月香（2000）。**無形資產**。國立成功大學會計研究所碩士論文碩士論文，未出版，台南市。

顏志宏（2005）。**高雄市撞球運動消費者生活型態與購買決策之研究**。國立台灣師範大學體育研究所碩士論文，未出版，台北市。

蘇育代（2004）。**行銷策略與消費者行為交互影響之研究——馬可夫鏈理論與數理模式建構之運用**。國立台北大學企業管理研究所碩士論文，未出版，台北市。

蘇振鑫（1999）。**運動健康信念與運動行為之關係研究——以運動健康信念模式探討**。國立體育學院體育研究所碩士論文，未出版，桃園縣。

蘇懋坤（1999）。**台灣職棒大聯盟現場觀眾生活型態與消費行為之研究**。國立台灣師範大學體育研究所碩士論文，未出版，台北市。

中文研討會論文

吳珮琪、蕭　蘋（2003）。**教導女孩成為女人——青少女雜誌廣告的內容分析**。論文發表於婦女＼性別研究與教學學術研討會，台南市，國立成功大學性別與婦女研究中心。

黃　煜（2001）。**企業贊助職業運動球隊的效益研究——以遠傳電信贊助台灣大聯盟嘉南勇士職業棒球隊為例**。論文發表於第一屆中華民國運動與休閒管理學術研討會，台北市，國立台灣師範大學。

其他中文參考資料

超級籃球聯賽（2006，5 月 11 日）：**SBL 超級籃球聯賽官方網站**。資料引自 http://sports.yam.com/special/sbl/

年代售票系統（2006，4 月 16 日）：**SBL 網路售票系統**。資料引自 http://www.ticket.com.tw/。

西文圖書

Bollen, K. A., & Long, J. S. (1993). *Testing structural equation models.* CA: SAGE.

Burn, N., & Grove, S. K. (2001). *The practice of nursing research: conduct, critique, & utilization (4th ed.).* New York: Sunders.

Demby, D. (1974). *Life style and psychographics.* Chicago: America Marketing Association.

Engel, J. F., Blackwell, R. D., & Kollat, D. T. (1982). *Consumer Behavior (4th ed.).* New York: Holt, Rinehart & Winston .

Engel, J. F., Kollat, D. T., & Blackwell, R. D. (1993). *Consumer behavior.* Chicago, MI: The Dryden Press.

Eitzen, D. S., & Sage, G. H. (1993). *Sociology of North American sport (5th ed.).* Madison, WI: Brown and Benchmark.

Hawkins, D. I., Best, R. J., & Coney, K. A. (2001). *Consumer behavior: Building marketing strategy (8th ed.)*. New York: McGraw-Hill.

Houlihan, B. (1997). *Sport, policy and politics: A comparative analysis*. London: Routledge.

Kaplan, D. (2000). *Structural equation modeling: Foundations and extensions.* CA: SAGE.

Kelly, J. R. (1996). *Leisure (3rd ed.)*. Needham Height, MA: Allyn & Bacon.

Kotler, P. (1991). *Marketing management: Analysis, planning, implementation and control (7th ed.).* Englewood Cliffs, NJ: Prentice-Hall.

Kotler, P. (2000). *Marketing Management (10th ed.)*. Englewood Cliffs, NJ: Prentice-Hall.

Mowen, J. C. (1990). *Consumer behavior (2nd ed.)*. New York:Macmillan.

Nicosia, F. M. (1966). *Consumer decision process, marketing and advertising implication.* Englewood Cliffs, NJ: Prentice-Hall.

Nixon, H. L., & Frey, J. H. (1996). *A sociology of sport. Belmont,* CA: Wadsworth.

Polit, D. F., & Hungler, B. P. (1999). *Nursing research: Principle and methods (6thed.).* Philadelphia: Lippincott.

Pratt, W. R. Jr. (1974). *Measuring purchase behavior: Handbook of marketing.* New York: McGraw-Hill.

Schiffman, L. G., & Kanuk, L. L. (1991). *Consumer behavior (2nd ed.).* Englewood Cliffs, NJ: Prentice-Hall.

Walters, C. G., & Gorden, P. W. (1970). *Consumer behaviors: An integrated framework.* New York: Irwin Inc.

Waltz, C. W., & Bausell, R. B. (1981). *Nursing research: Design, statistics and computer analysis.* Philadelphia: F. A. Davis.

Williamson, J. (1978). *Decoding advertisement.* New York: Marion Boyars.

西文期刊

Chan, L. K. C., Lakonishok, J., & T. Sougiannis. (2001). The Stock market valuation of research and development expenditures. *The Journal of Finance, 7*(6), 2431-2456.

Dishman, R. K. (1991). Increasing and maintaining and physical activity. *Behavior Therapy, 22,* 345-378.

Graham, R. C., & K. D. Frankenberger. (2000). The contribution of changes in advertising expenditures to earnings and market values. *Journal of Business Research, 50,* 149-155.

Hu, L. T., & Bently, P. M. (1999). Cutoff criteria for fit indexes in covariance structure analysis: Conventional criteria versus new alternatives. *Structural Equation Modeling: A multidisciplinary Journal, 6,* 1-55.

Kellner, D. (2001). The sport spectacle, Michael Jordan, and Nike：Unholy alliance? *In Michael Jordan, inc.-Corporate Sport, Media Culture, and Late Modern America, ed.* Andrews, D. L., 37-63. State University of New York Press.

Lev, B., & T. Sougiannis. (1996). The capitalization, amortization, and value-relevance of R&D. *Journal of Accounting and Economics, 21,* 107-138.

Pope, N. K. & Voges, K. E. (2000). The Impact of Sport Sponsorship Activities, Corporate Image, and Prior Use on Consumer Purchase Intension. *Sport Marketing Quarterly, 9*(2), 96-102.

Stolar, G. E., MacEntee, M. I., & Hill, P. (1993). The elderly: Their perceived supports and reciprocal behaviors. *Journal of Gerontological Social work, 19*(3), 15-31.

Wagner, E. A. (1990). Sport in Asia and Africa: Americanization or mundialization. *Sociology of Sport Journal, 7*, 399-402.

附錄一　專家學者名單

內容效度評論名單（依姓氏筆劃排列）

姓　名	工作單位與職稱
呂銀益	真理大學運動知識學院教授兼院長
呂　謙	國立金門技術學院企管系教授兼系主任
丘周剛	經國管理暨健康學院人力資源發展系副教授兼系主任
陳　怨	東吳大學體育室教授
曹健仲	中原大學體育室副教授

附錄二　內容效度評論表

敬愛的　　　　您好！

後學是經國管理暨健康學院講師兼體育組組長，正進行「SBL 超級籃球聯賽廣告效益與消費行為模式建構與驗證之研究」。本研究之測量工具為『SBL 超級籃球聯賽廣告效益與消費行為問卷』，內容分為四部份：SBL 超級籃球聯賽廣告效益、SBL 超級籃球聯賽消費行為、基本資料(人口統計變項)、SBL 廣告與消費行為。

素仰　您在學術研究上的造詣及豐富的經驗，請您撥冗鑑定效度。隨函檢附研究計劃摘要、量表檢核表各一份，敬請您逐題評定。您的指導與支持是本研究能否完成的重要關鍵，對您的不吝指教，後學致以最深的感激。如蒙應允，煩請於九十四年十月十五日前郵寄或傳真回覆此表並直接在問題上做修改的部份，感謝您的支持！

順頌

教安

後學　黃恆祥　敬上

經國管理暨健康學院
基隆市中山區復興路 336 號
電話：(02)24372093~330；傳真：(02)24376756
E-mail：hhhuang@ems.cku.edu.tw

計分方式：（請打勾）1＝沒有相關
2＝如果沒有修正題目則無法評估其相關性
3＝有相關，但需小幅修正
4＝很有相關及敘述簡潔

第一部份：SBL 超級籃球聯賽廣告效益

題次	問卷題目	內容重要性 CVI	內容適切性 CVI	文字清晰度 CVI	專家意見
1	親朋好友提到過心目中的產品	1	.95	.95	親朋好友提到過心目中的產品名稱
2	在 SBL 知道該廣告的產品	1	.95	.1	在 SBL 知道該特定廣告的產品名稱
3	在 SBL 看到該廣告的產品	1	.95	1	在 SBL 看到該特定廣告的產品
4	在 SBL 聽過該廣告的產品	1	.95	1	在 SBL 聽過該特定廣告的產品
5	網路相關資訊也見過該廣告的產品	1	.95	1	網路相關資訊也見過該特定廣告的產品
6	在 SBL 看到過後也會注意其他相同廣告	1	.95	1	在 SBL 看到過後也會注意其他相同特定廣告
7	會向親朋好友詢問是否用過該產品	1	.95	1	會向親朋好友詢問是否用過該特定產品
8	會上網查詢產品的情況	1	.95	1	會上網查詢特定產品的情況
9	會詢問親朋好友有關產品的價格	1	.95	.95	會詢問親朋好友有關特定廣告產品的價格

10	會詢問親朋好友有關產品的品質	1	1	.95	會詢問親朋好友有關特定廣告產品的品質
11	會與其他相關產品進行使用度的比較	1	.95	.90	「使用」修正為「耐用」
12	會與其他相關產品進行可靠的比較	1	1	1	
13	會與其他相關產品進行價格的比較	1	1	1	
14	會與其他相關產品進行數量的比較	1	1	1	
15	會與其他相關產品進行品質的比較	1	1	1	
16	會去實際觀看該產品	1	.95	1	會去實際觀看該特定廣告產品
17	會去實際接觸該產品	1	.95	1	會去實際接觸該特定廣告產品
18	會去實際試用該產品	1	.95	1	會去實際試用該特定廣告產品
19	會再去購買該產品	1	.90	.95	會再度去體驗該特定廣告產品
20	會對該特定廣告產品產生購買意願	1	1	1	會對該特定廣告產品產生購買意願

第二部份：SBL 超級籃球聯賽消費行為

題次	問卷題目	內容重要性 CVI	內容適切性 CVI	文字清晰度 CVI	專家意見
21	購買產品前會進行品牌知名度的評估	1	.95	1	購買特定廣告產品前會進行品牌知名度的評估
22	購買產品前會進行平面媒體資訊搜尋	1	.95	1	購買特定廣告產品前會進行平面媒體資訊搜尋
23	購買產品前會進行電子媒體資料蒐集	1	.95	1	購買特定廣告產品前會進行電子媒體資料蒐集
24	購買產品前會多方徵詢使用意見評估	1	.95	1	購買特定廣告產品前會多方徵詢使用意見評估
25	購買產品前會進行試用評估	1	.95	1	購買特定廣告產品前會進行試用評估
26	會因為有實際參與相關工作的感受而有意購買	1	1	1	
27	會因該產品生產之設備完善而有意購買	1	.95	1	會因該特定廣告產品生產之設備完善而有意購買
28	會因為服務品質優良而有意購買	1	1	1	
29	會因該特定廣告產品服務保證而有意購買	1	.95	1	會因該特定廣告產品服務保證而有意購買
30	會因為滿意提供的服務而有意購買	1	1	1	
31	會因為優惠價格而有意購買	1	1	1	
32	會因為促銷宣傳活動而有意購買	1	1	1	
33	會因為優惠時段而有意購買	1	1	1	

34	會因額外附加價值（贈送相關產品等）而有意購買	1	1	1	
35	會因為聯合不同產業之共同促銷而有意購買	1	1	1	
36	購買產品前會進行訪價的評估	1	.95	1	購買特定廣告產品前會進行訪價的評估
37	購買產品前會進行銷售方式的評估	1	.95	1	購買特定廣告產品前會進行銷售方式的評估
38	會因該產品所需花費的金額不高而購買	1	.95	1	會因該特定廣告產品所需花費的金額不高而購買
39	會因為個人經濟狀況許可原因而購買	1	1	1	
40	會因為付費方式（零利率等）而購買	1	1	1	

附錄三　SBL 超級籃球聯賽廣告效益與消費行為量表

SBL 超級籃球聯賽廣告效益與消費行為問卷

敬愛的先生、小姐：您好！

本問卷旨在了解SBL超級籃球聯賽廣告效益與消費行為狀況之問卷調查，以作為推展籃球運動，提昇 SBL 超級籃球聯賽經營管理之參考。本研究結果，僅供學術研究之用，不作其他用途，請安心作答。您的意見非常的寶貴，懇請您協助並據實填答。謝謝！本問卷共分為四個部分，每一部分前面都有說明，請仔細閱讀說明後，才開始作答。再次謝謝您的幫忙及合作！

敬祝

安康

經國管理暨健康學院　黃恒祥　敬上

第一部份：SBL 超級籃球聯賽廣告效益

說明： （一）此部分的問題主要在瞭解您觀看 SBL 超級籃球聯賽時，對廣告產品效益之感受，對以下看法同意程度的評估，請用「○」選擇最適當的答案。 （二）5 分表示極滿意（約佔 76～100%的同意程度），3 分表示普通（約佔 50%的滿意程度），1 分表示極不滿意（約佔 0～25%的滿意程度）。	極不同意	不同意	普通	同意	極同意
1. 親朋好友提到過心目中的產品名稱	1	2	3	4	5
2. 在 SBL 知道該特定廣告的產品名稱	1	2	3	4	5
3. 在 SBL 看到該特定廣告的產品	1	2	3	4	5
4. 在 SBL 聽過該特定廣告的產品	1	2	3	4	5
5. 網路相關資訊也見過該特定廣告的產品	1	2	3	4	5
6. 在 SBL 看到過後也會注意其他相同特定廣告	1	2	3	4	5
7. 會向親朋好友詢問是否用過該特定產品	1	2	3	4	5
8. 會上網查詢特定產品的情況	1	2	3	4	5
9. 會詢問親朋好友有關特定廣告產品的價格	1	2	3	4	5
10. 會詢問親朋好友有關特定廣告產品的品質	1	2	3	4	5
11. 會與其他相關產品進行耐用度的比較	1	2	3	4	5
12. 會與其他相關產品進行可靠的比較	1	2	3	4	5
13. 會與其他相關產品進行價格的比較	1	2	3	4	5
14. 會與其他相關產品進行數量的比較	1	2	3	4	5
15. 會與其他相關產品進行品質的比較	1	2	3	4	5
16. 會去實際觀看該特定廣告產品	1	2	3	4	5
17. 會去實際接觸該特定廣告產品	1	2	3	4	5
18. 會去實際試用該特定廣告產品	1	2	3	4	5
19. 會再度去體驗該特定廣告產品	1	2	3	4	5
20. 會對該特定廣告產品產生購買意願	1	2	3	4	5

第二部份：SBL 超級籃球聯賽消費行為

說明： （一）此部分的問題主要在瞭解您觀看 SBL 超級籃球聯賽時，對於廣告產品所產生之消費行為狀況，對以下看法同意程度的評估，請用「○」選擇最適當的答案。 （二）5 分表示極滿意（約佔 76～100%的同意程度），3 分表示普通（約佔 50%的滿意程度），1 分表示極不滿意（約佔 0～25%的滿意程度）。	極不同意	不同意	普通	同意	極同意
21. 購買特定廣告產品前會進行品牌知名度的評估	1	2	3	4	5
22. 購買特定廣告產品前會進行平面媒體資訊搜尋	1	2	3	4	5
23. 購買特定廣告產品前會進行電子媒體資料蒐集	1	2	3	4	5
24. 購買特定廣告產品前會多方徵詢使用意見評估	1	2	3	4	5
25. 購買特定廣告產品前會進行試用評估	1	2	3	4	5
26. 會因為有實際參與相關工作的感受而有意購買	1	2	3	4	5
27. 會因該特定廣告產品生產之設備完善而有意購買	1	2	3	4	5
28. 會因為服務品質優良而有意購買	1	2	3	4	5
29. 會因該特定廣告產品服務保證而有意購買	1	2	3	4	5
30. 會因為滿意提供的服務而有意購買	1	2	3	4	5
31. 會因為優惠價格而有意購買	1	2	3	4	5
32. 會因為促銷宣傳活動而有意購買	1	2	3	4	5
33. 會因為優惠時段而有意購買	1	2	3	4	5
34. 會因額外附加價值（贈送相關產品等）而有意購買	1	2	3	4	5
35. 會因為聯合不同產業之共同促銷而有意購買	1	2	3	4	5
36. 購買特定廣告產品前會進行訪價的評估	1	2	3	4	5
37. 購買特定廣告產品前會進行銷售方式的評估	1	2	3	4	5
38. 會因該特定廣告產品所需花費的金額不高而購買	1	2	3	4	5
39. 會因為個人經濟狀況許可原因而購買	1	2	3	4	5
40. 會因為付費方式（零利率等）而購買	1	2	3	4	5

第三部份：基本資料（人口統計變項）

41. 性別：□男性　　　　□女性
42. 婚姻：□已婚　　　　□未婚
43. 年齡：□30 歲以下　□30 歲又 1 天～40 歲
□40 歲又 1 天～50 歲　□50 歲又 1 天以上
44. 學歷：□高中職以下　□大專院校　□碩士以上
45. 個人月收入：□30,000 元以下　□30,001 元～50,000 元
□50,001 元～70,000 元　□70,001 元以上

第四部份：SBL 廣告與消費行為

46. 對SBL廣告產品進行購買過或是消費使用的狀況(複選)：

（1）飲料食品類：□台灣啤酒　□黑松沙士
□Life 生活廣場　□雪天果
□鮮果多　□奧利多
□韋恩咖啡　□冰火伏特加
□保利達蠻牛　□台糖系列
□光泉系列　□Airwaves □香糖

（2）資訊類：□中華電信　□OKWAP　□Nokia
□Mio 掌上型導航系統
□防毒軟體 PC-Cillin
□亂 Online 網路遊戲

（3）運動用品類：□Adidas □Nike □Reebok

（4）運動健身俱樂部：□伊士邦 □貴子坑鄉村俱樂部

（5）電視台：□緯來體育 □東森電視 □ESPN

（6）醫護衛生：□舒適牌刮鬍刀 □科正醫護
□UNO 洗面乳 □熱力軟膏

（7）交通運輸：□中華汽車 □長榮航空 □Nissan
□Mazda □Renault □Kymco

（8）財經保險：□台灣銀行 □台新金控 □中國人壽
□新安東京海上

（9）其他：□行政院體育委員會 □虹牌油漆

所有題項到此結束，謝謝您！

附錄四　2005－2006 球季各隊例行賽攻守記錄

（資料來源：SBL 超級籃球聯賽官方網站，2006）

裕隆籃球隊

球隊記錄																							
背號	球員	先發	投籃%			三分%			罰球%			籃板			本季總和								
			試投	投進	%	試投	投進	%	試投	投進	%	進攻	防守	合計	助攻	阻攻	抄截	失誤	犯規	得分	時間	出場
0	曾兆嘉	0	0	0	0	0	0	0	0	0	0	0	0	0	0	0	0	0	0	0	00:00:00	0
2	張益文	1	32	19	0.439	25	6	0.24	15	11	0.733	9	25	34	18	1	8	15	18	67	03:48:14	16
4	曾文鼎	38	465	248	0.513	36	9	0.25	280	208	0.743	118	276	394	110	95	42	124	97	731	21:09:24	38
5	陳志忠	29	155	86	0.486	137	56	0.409	97	76	0.784	23	107	130	116	3	52	49	76	416	16:20:24	32
6	李學林	31	201	95	0.41	145	47	0.324	123	105	0.854	47	138	185	150	2	59	58	53	436	21:21:31	39
8	周泓諭	11	139	79	0.549	25	11	0.44	29	22	0.759	32	67	99	44	5	9	31	66	213	08:35:44	34
9	邱啟益	5	84	43	0.41	50	12	0.24	55	42	0.764	17	22	39	30	0	18	27	48	164	06:23:32	31
10	劉瑞生	0	8	3	0.333	1	0	0	10	4	0.4	2	2	4	7	0	2	1	6	10	00:35:23	7
11	邱宗志	0	0	0	0	0	0	0	0	0	0	0	0	0	0	0	0	0	0	0	00:00:00	1
13	魏永泰	16	183	89	0.472	33	13	0.394	53	41	0.774	54	86	140	19	4	7	33	94	258	11:03:11	38
18	周士淵	34	179	96	0.449	244	94	0.385	69	45	0.652	25	97	122	62	6	70	50	90	519	15:46:03	36
22	呂政儒	9	53	28	0.49	51	23	0.451	23	19	0.826	6	26	32	19	6	9	33	43	144	05:22:07	22
24	柳昇耀	8	88	46	0.475	70	29	0.414	23	18	0.783	18	58	76	26	0	18	33	43	197	09:06:50	34
32	吳志偉	6	177	99	0.556	1	0	0	66	52	0.788	50	101	151	28	6	9	42	74	250	08:16:49	32
51	徐偉勝	7	49	23	0.46	1	0	0	27	19	0.704	16	29	45	6	7	8	29	28	65	03:20:48	17
合計			0.526			0.366			0.761			417	1034	1451	635	135	311	525	736	3470		

台啤籃球隊

球隊記錄																						
背號	球員	先發	投籃%			三分%			罰球%			籃板			本季總和							
			試投	投進	%	試投	投進	%	試投	投進	%	進攻	防守	合計	助攻	阻攻	抄截	失誤	犯規	得分	時間	出場
5	潘仁德	1	30	14	0.438	18	7	0.389	14	12	0.857	5	7	12	12	0	10	13	10	61	02:53:55	21
7	林冠綸	3	49	26	0.431	74	27	0.365	27	20	0.741	10	34	44	27	1	11	21	40	153	07:04:55	35
8	吳洋輝	0	10	7	0.7	0	0	0	6	4	0.667	6	8	14	1	2	0	3	4	18	00:55:28	8
9	陳世念	39	151	67	0.389	178	61	0.343	102	75	0.735	22	108	130	149	6	60	118	93	392	19:55:56	40
10	王建惟	0	77	42	0.545	0	0	0	69	44	0.638	33	48	81	6	5	14	16	73	128	05:55:05	36
11	吳志遠	35	203	102	0.485	59	25	0.424	36	28	0.778	94	146	240	26	17	28	37	97	307	15:41:21	36
12	林志傑	39	401	213	0.447	324	111	0.343	220	175	0.795	55	194	249	123	12	50	120	90	934	21:36:15	39
14	林哲維	0	0	0	0	0	0	0	0	0	0	0	0	0	0	0	0	0	0	0	00:00:00	0
15	許誠文	1	45	24	0.543	1	1	1	25	15	0.6	9	15	24	3	6	6	8	23	66	02:12:31	20
16	何守正	27	138	74	0.44	160	57	0.356	70	56	0.8	28	110	138	26	11	10	46	57	375	12:46:02	29
20	羅建志	0	2	1	0.5	2	1	0.5	5	3	0.6	0	3	3	2	0	0	2	4	8	00:15:40	3
33	尚韋帆	3	186	108	0.502	55	13	0.236	58	46	0.793	42	77	119	34	11	19	39	64	301	11:44:23	39
55	許皓程	2	92	45	0.425	68	23	0.338	84	58	0.69	48	91	139	103	1	39	50	59	217	14:44:19	38
66	李偉民	26	175	82	0.442	49	17	0.347	53	37	0.698	46	65	111	35	4	61	50	67	252	11:18:10	39
77	哈孝遠	25	155	70	0.455	12	6	0.5	35	23	0.657	39	97	136	15	18	13	36	93	181	08:20:54	31
95	林哲立	0	6	2	0.417	6	3	0.5	0	0	0	0	4	4	2	0	0	4	7	13	00:36:36	8
合計			0.51			0.35			0.741			437	1007	1444	564	94	321	563	781	3406		

達欣籃球隊

球隊記錄																						
背號	球員	先發	投籃%			三分%			罰球%			籃板			本季總和							
			試投	投進	%	試投	投進	%	試投	投進	%	進攻	防守	合計	助攻	阻攻	抄截	失誤	犯規	得分	時間	出場
1	田壘	37	506	262	0.467	257	94	0.366	257	186	0.724	124	309	433	90	60	61	106	103	992	20:53:15	37
3	李豐永	13	82	40	0.431	55	19	0.345	40	30	0.75	25	80	105	33	23	15	34	55	167	08:23:39	21
4	蘇翊傑	38	171	99	0.5	75	24	0.32	81	51	0.63	43	83	126	153	5	52	94	92	321	19:58:51	38
5	王志群	18	77	42	0.413	163	57	0.35	35	31	0.886	15	69	84	56	1	31	45	53	286	10:43:44	22
7	范耿祥	0	8	2	0.333	7	3	0.429	10	7	0.7	8	7	15	6	0	4	7	8	20	01:40:53	13
10	鄭常君	0	56	34	0.453	81	28	0.346	48	30	0.625	27	22	49	19	1	14	19	43	182	06:04:27	37
11	張智峰	25	220	107	0.455	147	60	0.408	100	71	0.71	53	97	150	95	9	42	55	74	465	13:36:16	29
13	鄧安誠	1	63	29	0.41	20	5	0.25	18	15	0.833	19	20	39	15	6	12	33	50	88	04:57:56	31
14	顏佳緯	2	46	24	0.434	37	12	0.324	22	11	0.5	38	58	96	10	4	8	21	63	95	06:44:07	31
15	林宜輝	37	233	129	0.511	82	32	0.39	85	59	0.694	49	96	145	48	16	41	60	131	413	16:55:46	38
25	康昭翔	0	2	0	0	0	0	0	0	0	0	2	1	3	0	1	1	1	3	0	00:18:03	4
30	陳子威	19	76	35	0.365	135	42	0.311	51	33	0.647	36	71	107	25	12	16	27	55	229	11:10:17	33
33	游育倫	0	10	5	0.476	11	5	0.455	6	5	0.833	6	15	21	34	1	4	7	17	30	02:42:27	20
合計			0.519			0.356			0.698			453	947	1400	585	139	303	524	760	3314		

台銀籃球隊

球隊記錄																						
背號	球員	先發	投籃%			三分%			罰球%			籃板			本季總和							
			試投	投進	%	試投	投進	%	試投	投進	%	進攻	防守	合計	助攻	阻攻	抄截	失誤	犯規	得分	時間	出場
1	簡明富	28	136	73	0.422	198	68	0.343	84	63	0.75	29	98	127	126	0	63	93	89	413	16:09:49	34
2	溫志中	0	0	0	0	0	0	0	0	0	0	0	0	0	0	0	0	0	1	0	00:02:47	1
3	許致強	0	24	14	0.583	0	0	0	12	5	0.417	3	8	11	2	2	4	8	3	33	01:13:37	9
4	吳永仁	27	102	59	0.494	143	62	0.434	47	40	0.851	32	96	128	147	9	40	69	83	344	16:46:22	31
6	陳順詳	8	91	51	0.475	90	35	0.389	35	27	0.771	25	58	83	23	10	15	34	33	234	08:15:05	25
7	莊曉文	5	105	42	0.372	134	47	0.351	25	17	0.68	44	78	122	17	17	23	21	60	242	09:16:10	33
8	林群峰	26	294	140	0.426	117	35	0.299	106	71	0.67	49	83	132	65	4	21	89	103	456	15:10:52	36
23	王信凱	0	30	17	0.429	33	10	0.303	11	7	7	6	15	21	24	1	3	12	20	71	03:17:40	23
46	岳瀛立	13	182	85	0.415	102	33	0.324	47	35	35	45	82	127	41	43	43	50	120	304	10:45:37	36
88	程恩傑	23	207	95	0.459	0	0	0	35	23	23	73	113	186	20	20	10	33	91	213	11:41:07	36
合計			0.499			0.351			0.721			426	896	1322	572	137	290	580	803	3089		

緯來獵人籃球隊

球隊記錄																						
背號	球員	先發	投籃%			三分%			罰球%			籃板			本季總和							
			試投	投進	%	試投	投進	%	試投	投進	%	進攻	防守	合計	助攻	阻攻	抄截	失誤	犯規	得分	時間	出場
1	吳政育	0	23	10	0.381	40	14	0.35	10	8	0.8	6	9	15	8	0	6	5	15	70	03:14:25	15
8	林宗慶	11	41	21	0.413	39	12	0.308	13	6	0.462	6	13	19	13	0	5	13	18	84	03:42:28	18
9	胡裕偉	2	81	39	0.409	68	22	0.324	33	20	0.606	30	54	84	16	5	16	32	42	164	07:14:46	28
10	林佳皇	0	53	20	0.362	99	35	0.354	28	21	0.75	6	20	26	14	1	12	24	48	166	05:51:09	25
11	賴國弘	0	141	87	0.617	0	0	0	47	29	0.617	30	36	66	13	12	5	25	37	203	05:30:06	19
12	熊仁正	0	3	1	0.222	6	1	0.167	0	0	0	2	4	6	5	0	1	4	6	5	00:49:33	5
14	許凱傑	15	66	32	0.427	16	3	0.188	24	14	0.583	24	30	54	8	6	7	13	22	87	04:08:56	18
17	陳暉	29	107	50	0.421	95	35	0.368	81	58	0.716	17	122	139	116	4	37	65	87	263	13:48:53	29
18	賴桂林	0	0	0	0	0	0	0	0	0	0	0	0	0	0	0	0	2	1	0	00:02:58	1
20	蘇詳偉	0	4	2	0.333	2	0	0	4	1	0.25	0	2	2	2	0	2	0	2	5	00:27:17	4
21	楊哲宜	27	266	145	0.464	98	24	0.245	113	75	0.664	36	94	130	74	2	24	65	61	437	14:27:55	27
27	沈欣漢	0	0	0	0	0	0	0	0	0	0	0	0	0	0	0	0	1	0	0	00:00:52	1
31	陳立偉	1	28	15	0.464	41	17	0.415	31	28	0.903	16	34	50	33	0	10	34	45	109	06:13:56	25
41	洪啟超	21	138	59	0.411	110	43	0.391	52	36	0.692	28	78	106	47	9	28	45	65	283	11:53:23	28
51	黃春雄	9	45	26	0.531	19	8	0.421	23	7	0.304	18	41	59	8	12	8	15	33	83	05:10:18	16
67	林信華	5	30	14	0.484	1	1	1	8	5	0.625	16	21	37	6	3	0	14	16	36	02:24:08	7
71	李啟億	29	177	90	0.445	169	64	0.379	112	90	0.804	50	202	252	91	34	27	84	93	462	16:28:57	29
合計			0.508			0.347			0.687			285	760	1045	454	88	188	441	591	2457		

東森羚羊籃球隊

球隊記錄																							
背號	球員	先發	投籃%			三分%			罰球%			籃板			本季總和								
			試投	投進	%	試投	投進	%	試投	投進	%	進攻	防守	合計	助攻	阻攻	抄截	失誤	犯規	得分	時間	出場	
1	辛金展	13	125	54	0.408	59	21	0.356	24	15	0.625	48	78	126	34	8	21	38	77	186	09:37:08	29	
2	許澤鑫	9	26	12	0.377	51	17	0.333	20	11	0.55	4	33	37	25	0	16	24	33	86	05:06:08	26	
3	吳至偉	0	0	0	0	0	0	0	0	0	0	0	0	0	0	0	0	0	0	0	00:00:00	0	
4	周俊三	18	75	34	0.4	40	12	0.3	29	21	0.724	17	35	52	72	1	16	33	38	125	07:27:24	26	
7	歐陽進恆	12	173	78	0.41	56	16	0.286	96	71	0.74	20	55	75	36	2	17	45	65	275	09:42:43	28	
12	鄭人維	9	84	32	0.376	57	21	0.368	43	33	0.767	22	44	66	11	9	17	32	54	160	05:46:20	28	
17	楊玉明	18	244	122	0.416	193	60	0.311	176	135	0.767	29	62	91	54	1	26	73	56	559	13:51:53	29	
20	黃寶賜	3	99	50	0.459	34	11	0.324	33	19	0.576	22	42	64	49	0	25	38	39	152	09:15:08	30	
21	洪英哲	5	51	24	0.471	0	0	0	27	12	0.444	30	32	62	11	14	8	24	43	60	05:09:21	26	
22	廖偉成	12	67	25	0.373	0	0	0	10	6	0.6	23	31	54	7	4	6	14	27	56	03:49:44	23	
27	蕭元昶	14	208	100	0.474	3	0	0	56	31	0.554	105	157	262	15	12	25	59	117	231	12:28:03	30	
31	林志聰	0	0	0	0	1	0	0	0	0	0	1	0	1	0	0	0	0	0	0	00:03:27	2	
32	吳岱豪	0	0	0	0	0	0	0	0	0	0	0	0	0	0	0	0	0	0	0	00:00:00	0	
33	陳靖寰	0	0	0	0	0	0	0	0	0	0	0	0	0	0	0	0	0	0	0	00:00:00	0	
55	吳俊雄	20	176	82	0.461	2	0	0	59	34	0.576	67	91	158	25	7	20	53	76	198	09:29:00	28	
98	吳佳龍	17	165	83	0.415	107	30	0.28	68	47	0.691	29	43	72	28	1	14	40	72	303	09:43:39	30	
合計			0.466			0.312			0.679			417	703	1120	367	59	211	473	697	2391			

幼敏籃球隊

球隊記錄																							
背號	球員	先發	投籃%			三分%			罰球%			籃板			本季總和								
			試投	投進	%	試投	投進	%	試投	投進	%	進攻	防守	合計	助攻	阻攻	抄截	失誤	犯規	得分	時間	出場	
0	陳侑群	0	0	0	0	0	0	0	0	0	0	0	0	0	0	0	0	0	0	0	00:00:00	0	
0	幸子杰	0	0	0	0	0	0	0	2	1	0.5	0	0	0	1	0	0	0	2	1	00:08:30	1	
1	左從凱	3	78	32	0.387	28	9	0.321	29	19	0.655	11	10	21	7	1	5	17	33	110	04:33:21	21	
4	洪志善	23	39	12	0.353	114	42	0.368	8	5	0.625	15	61	76	95	5	41	32	73	155	13:53:48	27	
5	鍾維國	4	19	7	0.341	22	7	0.318	10	7	0.7	8	22	30	15	0	6	11	35	42	04:06:22	22	
6	陳世杰	6	219	111	0.461	48	12	0.25	67	46	0.687	71	102	173	73	9	52	75	65	304	11:48:56	29	
7	曾凡鳴	0	2	0	0	2	0	0	4	2	0.5	3	3	6	1	1	1	3	4	2	00:20:18	8	
8	劉義祥	5	25	11	0.375	7	1	0.143	2	2	1	8	13	21	7	4	2	11	12	27	02:07:33	5	
9	丁國柱	0	33	12	0.351	4	1	0.25	17	12	0.706	4	6	10	6	1	5	12	9	39	01:08:47	8	
11	呂嘉豪	0	50	16	0.314	1	0	0	24	19	0.792	22	39	61	10	3	6	28	53	51	04:41:00	20	
12	楊承融	0	0	0	0	0	0	0	2	1	0.5	0	1	1	0	0	0	0	1	1	00:02:23	1	
13	羅興樑	28	227	112	0.433	223	83	0.372	120	95	0.792	35	93	128	66	1	47	92	45	568	14:38:22	28	
21	王傳鑑	25	247	121	0.478	8	1	0.125	115	88	0.765	80	90	170	24	30	17	75	86	333	13:27:31	28	
23	張羽霖	18	108	50	0.402	101	34	0.337	73	53	0.726	22	43	65	11	3	10	47	79	255	07:38:50	29	
32	簡嘉宏	16	228	96	0.41	21	6	0.286	108	74	0.685	61	94	155	22	9	10	47	67	284	12:07:57	29	
41	謝志偉	5	46	23	0.438	27	9	0.333	24	15	0.625	14	38	52	2	3	8	16	45	88	03:54:38	15	
91	高立民	11	104	40	0.39	1	1	1	38	18	0.474	29	32	61	5	6	10	18	54	101	05:18:53	20	
合計			0.451			0.339			0.711			383	647	1030	345	76	220	484	663	2361			

附錄五　作者簡介

黃恆祥

學歷／

文化大學運動教練研究所碩士

現任／

經國管理暨健康學院講師
經國管理暨健康學院學生事務處體育組組長
經國管理暨健康學院男女籃球隊總教練
大專籃球委員會委員
95 年教育部『推動學生游泳能力方案』基隆市輔導委員
台灣水域運動發展學會理事

曾任／

文化大學助教
文化大學男、女籃球隊教練
1995 世大運中華男籃培訓隊教練
幸福職籃隊教練
攸紘男籃隊總教練
2003 年世大運中華女籃隊教練

聯絡地址：基隆市復興路 336 號
聯絡電話：02-24372093 轉 330
傳　　真：02-24376756
電子信箱：hhhuang@ems.cku.edu.tw

國家圖書館出版品預行編目

SBL 超級籃球聯賽廣告效益與消費行為模式建構與驗證之研究 / 黃恆祥作. -- 一版. -- 臺北市 : 秀威資訊科技, 2006[民 95]
面 ; 公分 –(社會科學類 ; AF0053)
參考書目 : 面
ISBN 978-986-6909-23-8(平裝)
1. 廣告 2. 消費心理學
497 95024937

社會科學類 AF0053

SBL 超級籃球聯賽廣告效益與消費行為模式建構與驗證之研究

作　　者 / 黃恆祥
發 行 人 / 宋政坤
執行編輯 / 賴敬暉
圖文排版 / 陳穎如
封面設計 / 莊芯媚
數位轉譯 / 徐真玉　沈裕閔
圖書銷售 / 林怡君
網路服務 / 徐國晉
出版印製 / 秀威資訊科技股份有限公司
台北市內湖區瑞光路 583 巷 25 號 1 樓
電話：02-2657-9211　傳真：02-2657-9106
E-mail：service@showwe.com.tw
經 銷 商 / 紅螞蟻圖書有限公司
台北市內湖區舊宗路二段 121 巷 28、32 號 4 樓
電話：02-2795-3656　傳真：02-2795-4100
http://www.e-redant.com

2006 年 12 月 BOD 一版
定價：240 元

讀　者　回　函　卡

感謝您購買本書，為提升服務品質，煩請填寫以下問卷，收到您的寶貴意見後，我們會仔細收藏記錄並回贈紀念品，謝謝！

1.您購買的書名：________________

2.您從何得知本書的消息？

□網路書店　□部落格　□資料庫搜尋　□書訊　□電子報　□書店

□平面媒體　□ 朋友推薦　□網站推薦　□其他________

3.您對本書的評價：(請填代號　1.非常滿意 2.滿意 3.尚可 4.再改進)

封面設計____　版面編排____　內容____　文/譯筆____　價格____

4.讀完書後您覺得：

□很有收獲　□有收獲　□收獲不多　□沒收獲

5.您會推薦本書給朋友嗎？

□會　□不會，為什麼？________________

6.其他寶貴的意見：________________

____

____

____

讀者基本資料

姓名：____________　年齡：______　性別：□女 □男

聯絡電話：____________　E-mail：____________

地址：________________

學歷：□高中(含)以下　□高中　□專科學校　□大學

□研究所(含)以上　□其他________

職業：□製造業 □金融業 □資訊業 □軍警 □傳播業 □自由業

□服務業 □公務員 □教職　□學生 □其他________

請貼
郵票

To：114

台北市內湖區瑞光路 583 巷 25 號 1 樓

秀威資訊科技股份有限公司　　　收

寄件人姓名：

寄件人地址：□□□

(請沿線對摺寄回,謝謝!)

秀威與 BOD

BOD（Books On Demand）是數位出版的大趨勢，秀威資訊率先運用 POD 數位印刷設備來生產書籍，並提供作者全程數位出版服務，致使書籍產銷零庫存，知識傳承不絕版，目前已開闢以下書系：

一、BOD 學術著作—專業論述的閱讀延伸
二、BOD 個人著作—分享生命的心路歷程
三、BOD 旅遊著作—個人深度旅遊文學創作
四、BOD 大陸學者—大陸專業學者學術出版
五、POD 獨家經銷—數位產製的代發行書籍

BOD 秀威網路書店：www.showwe.com.tw
政府出版品網路書店：www.*gov*books.com.tw

永不絕版的故事・自己寫・永不休止的音符・自己唱